Esayas Meresa
Gebeyehu Taye

Estimativa da recarga de águas subterrâneas utilizando o modelo WetSpass baseado em SIG

Esayas Meresa
Gebeyehu Taye

Estimativa da recarga de águas subterrâneas utilizando o modelo WetSpass baseado em SIG

ScienciaScripts

Cover image: www.ingimage.com

This book is a translation from the original published under ISBN 978-3-639-70012-1.

Publisher:
Sciencia Scripts
is a trademark of
Dodo Books Indian Ocean Ltd. and OmniScriptum S.R.L publishing group

120 High Road, East Finchley, London, N2 9ED, United Kingdom
Str. Armeneasca 28/1, office 1, Chisinau MD-2012, Republic of Moldova, Europe
Managing Directors: Ieva Konstantinova, Victoria Ursu
info@omniscriptum.com

Printed at: see last page
ISBN: 978-620-8-38886-7

Índice

Resumo

Esta investigação teve como objetivo utilizar o modelo WetSpass para estimar a recarga média anual e sazonal a longo prazo das águas subterrâneas na bacia hidrográfica de Birki (45 km^2), no norte da Etiópia, utilizando dados hidrometeorológicos e biofísicos a longo prazo (10 anos) da bacia hidrográfica. Os dados de entrada primários e secundários foram recolhidos utilizando métodos de recolha de dados no terreno e de base documental. Os ficheiros de entrada de base foram a textura do solo, o gradiente de declive, a topografia, a ocupação do solo, os níveis freáticos, a temperatura, a precipitação, a velocidade do vento e a evapotranspiração potencial (PET) em formato de grelha e a ocupação do solo, a textura do solo e os parâmetros do coeficiente de escoamento superficial em formato de ficheiro de base de dados (DBF). O modelo WetSpass foi utilizado para simular a recarga espacial sazonal e anual das águas subterrâneas na bacia hidrográfica de Birki, a fim de compreender o potencial das águas subterrâneas para uma utilização adequada e um planeamento futuro dos recursos hídricos. Os resultados mostraram que a recarga no verão (estação das chuvas) varia entre 0 e 41,09 mm/ano, com um valor médio de 24,1 mm/ano (96,5%), no inverno (estação seca) varia entre 0 e 1,53 mm/ano, com um valor médio de 0,8 mm/ano (3,5%) e a recarga anual varia entre 0 e 42,6 mm/ano, com um valor médio de 24,9 mm/ano. A precipitação média anual de dez anos, 573 mm, contribuiu para 7,4% de recarga das águas subterrâneas, 7,1% de escoamento superficial e 85,5% de perda por evapotranspiração. Utilizando o método de regressão linear simples, verificou-se que a precipitação, a evapotranspiração potencial, a temperatura, a textura do solo, a ocupação do solo, o declive e a topografia eram os principais factores de controlo da recarga das águas subterrâneas na bacia hidrográfica de Birki. De acordo com a recarga das águas subterrâneas, o escoamento superficial e a evapotranspiração potencial, o modelo WetSpass simula a evaporação do solo, a interceção e as perdas por transpiração na bacia hidrográfica do Birki. Foi observado um potencial elevado de taxa de água subterrânea no noroeste do departamento e um potencial médio na parte central, mas baixo na parte sudeste da bacia hidrográfica. Anualmente, 1,1205 milhões de m^3 de água recarregam no lençol freático como recarga da precipitação para toda a área da bacia hidrográfica. Anualmente, em média, 0,17 m^3 /d/ha de água subterrânea podem ser extraídos com segurança sem esgotar a água subterrânea. Os modelos hidrológicos baseados em SIG, como o modelo WetSpass, são importantes para compreender o potencial dos recursos hídricos subterrâneos numa determinada bacia hidrográfica para uma utilização sustentável, gestão e planeamento futuro dos recursos hídricos. Necessita de dados de entrada precisos e distribuídos espácio-temporalmente em formato apropriado para simular eficazmente as componentes do balanço hídrico de uma determinada bacia hidrográfica e é necessário testar o modelo para verificar a adequação do modelo aos resultados observados.

Palavras chave: Modelo WetSpass, Recarga de Água Subterrânea, Bacia Hidrográfica do Birki, SIG, Base Sazonal, Factores de Controlo, Regressão Linear Simples

Agradecimentos

Antes de mais, gostaria de agradecer a Deus Todo-Poderoso por me ter dado esta oportunidade e por me ter concedido a capacidade e as competências necessárias para prosseguir com êxito"

". De seguida, agradeço ao meu conselheiro, o conselheiro principal Dr. Gebeyehu Taye, pelos seus comentários construtivos, sugestões e orientação, desde a preparação da proposta até à tese final.

Gostaria de agradecer ao meu gabinete, o Instituto de Investigação Agrícola de Tigray (TARI), por me ter dado esta oportunidade e autorização a tempo inteiro para seguir a minha formação confidencial sem problemas no Instituto de Geoinformação e Ciências de Observação da Terra. Agradeço também aos membros do Centro de Investigação Agrícola de Mekelle (MARC), em particular aos Srs. Hadush Hagos, Gebremedhin Gebremeskel e Gebreselassie Redae, pelo seu apoio administrativo e aconselhamento académico para que este trabalho fosse bem sucedido e agradeço ao projeto MU-HU-NMBU pelo seu apoio financeiro.

Em seguida, gostaria de agradecer sinceramente a todos aqueles que me ajudaram durante o inquérito no terreno e os trabalhos de gabinete, pela sua assistência, orientação e realização deste trabalho, especialmente o Dr. Abbadi Girmay, o Sr. Kinfe Mezgebe, Mhiretab Haileselassie, Hagos Weldegebreal, Gebremedhin Berhe, Amare Gebremedhin, Dr. Daniel Teka, Dr. GovinduVanum e Daniel Hailu.

Por último, mas não menos importante, gostaria de estender a minha sincera gratidão aos meus pais MuluTesfay, Belay Tesfay, Desta Aynalem, Wegheta Tseadu, Sentayhu Teshome e à minha namorada Mulu Mahari por todo o apoio e encorajamento necessários durante o meu trabalho de investigação no terreno, análise de dados e redação desta tese. Agradeço também aos meus colegas de turma e aos meus amigos que me ajudaram em todas as actividades para que esta tese fosse um trabalho frutuoso, desde o início até ao fim. E quero exprimir o meu apreço aos membros do I-GEOS (Haftom, Mhiret, Freweyni e Lemlem) pela sua cooperação, gentileza e honestidade ao ajudarem-me durante a minha estadia e aos meus colegas de turma pela sua cooperação durante o meu trabalho de investigação, especialmente Gebreyohannes Zenebe, Selemawi Abreha, Yemane Welday, Mohammud Nur, Fikre Hagos, Tamu Negash e Kahsu Kelali.

No final, quero agradecer a todos aqueles cujo nome não é aqui mencionado e que me ajudaram durante o meu trabalho de tese para tornar este trabalho de tese possível, frutuoso e bem sucedido.

Dedicação

Este trabalho de investigação é dedicado aos meus queridos e respeitados pais e à minha amada, pelo amor, moral, respeito, encorajamento e apoio que me deram desde o início até ao fim.

Obrigado M^3 BDWS pelo vosso amor e apoio sem fim!!

Lista de acrónimos e abreviaturas

Abbreviation	Description
Alt	Altitude
ASTER	Advanced Space Borne Thermal Emission and Reflection Radiometer
BCM	Billion Meter Cubic
CMB	Chloride Mass Balance
DBF	Data Base File
DEM	Digital Elevation Model
ENGDA	Ethiopian National Groundwater Database
ERDAS	Earth Resources Data Analysis System
ESRI	Environmental Systems Research Institute
ETO	Evapotranspiration
FAO	Food and Agricultural Organization of the United Nations
GIS	Geographic Information System
GPS	Global Positioning System
HWB	Hydrological Water Balance
i.e.	that is
IDW	Inverse Distance Weighted
km^2	Square Kilometer
Lat	Latitude
Long	Longitude
LT^{-1}	Litter per time
LULC	Land use land cover types
Max	Maximum
MARC	Mekelle Agricultural Research Center
Min	Minimum
m a.s.l	Meter Above Mean Sea Level
NMA	National Meteorological Agency
OLI	Operational Land Imager
Prep	Precipitation
RS	Remote Sensing
SD	Standard Deviation
Sum	Summer (main rainy season)

Temp………………………………………………………………………………………Temperature

USDA…………………………………………………….United States Department of Agriculture

USGS…………………………………………………………...United States Geological Surve

Var………………………………………………………………………………………..Variance

WetSpass……Water and Energy Transfer between Soil, Plants, and Atmosphere under quasi-Steady State

WFL………………………………………………………………………Water Fluctuation Level

Win…………………………………………………………………………….Winter (dry season)

WS………………………………………………………………………………..…Wind Speed

Capítulo: 1: Introdução

1.1. Antecedentes e justificação

O recurso água, que é a espinha dorsal e o elemento crucial da vida, é necessário em quantidade e qualidade suficientes para satisfazer a procura crescente de operações de processamento doméstico, agrícola e industrial (Fenta et al., 2014; Shanableh & Merabtene, 2015; Arefayne et al., 2015). No entanto, a sua disponibilidade é limitada devido à sua distribuição natural na superfície terrestre, em que 97,5% da água global é salgada existente nos oceanos e apenas 2,5% é considerada disponível para uso biológico, ou seja, água doce. Cerca de 68,7% dos restantes 2,5% de água doce estão encerrados nos glaciares, enquanto 30,1% e 0,9% representam águas subterrâneas, águas superficiais e outras águas doces, respetivamente (Shiklomanov, 1998). É um recurso natural escasso, crucial e multifuncional existente no planeta e a procura de água doce é cada vez maior em todo o mundo devido à urbanização e ao crescimento económico e populacional (Karimi & Bastiaanssen, 2015). Devido à sua escassez, o planeamento e a gestão adequados desse recurso em termos de distribuição, gestão, utilização e funções ambientais são cruciais para otimizar a utilização sustentável do recurso (Karimi & Bastiaanssen, 2015).

O acesso à água potável torna-se um problema em muitas regiões do mundo, em particular nas terras secas dos países em desenvolvimento, devido ao elevado crescimento e à procura concorrente deste recurso. A urbanização e o crescimento da população nas zonas urbanas não só estão a pôr em causa a capacidade e a sustentabilidade das fontes de abastecimento de água existentes, como também a colocar o abastecimento num maior risco de contaminação. Além disso, os seres humanos também estão a afetar os recursos hídricos globais através das alterações climáticas, aumentando as concentrações atmosféricas de gases com efeito de estufa e aerossóis, as alterações na utilização do solo devido à desflorestação, a industrialização e a urbanização continuarão a afetar o clima da Terra, alterando a distribuição temporal e espacial da precipitação, a temperatura, a evapotranspiração em particular e todo o ciclo hidrológico em geral (Sykes, 2006a).

As águas superficiais não são uma fonte fiável, uma vez que estão sujeitas a flutuações sazonais e são susceptíveis de contaminação através de actividades antropogénicas, tais como fontes de poluição pontuais e não pontuais e poluições biológicas (Fenta et al., 2014). No entanto, as águas subterrâneas são mais adequadas em quantidade, prontamente disponíveis e estão naturalmente protegidas da contaminação direta por actividades antropogénicas superficiais (Fenta et al., 2014). É o maior reservatório de água doce líquida do planeta e é fundamental para a manutenção da vida na Terra, pois é utilizada para satisfazer diferentes necessidades humanas e ambientais (Zomlot et al., 2015a).

A seleção de locais de poços para abastecimento de água subterrânea depende principalmente de estudos de campo tradicionais que consideram os locais de pontos de água existentes, bem como a informação do solo. No entanto, estes estudos centram-se apenas em experiências indirectas em locais específicos para a recarga de águas subterrâneas, o que reduz a fiabilidade dos resultados. Recentemente, a tecnologia de teledeteção e SIG tem sido cada vez mais utilizada para substituir a exploração no local, uma vez que não só fornece uma escala alargada da distribuição espácio-temporal das observações espaciais, como também poupa tempo e dinheiro (Chang, 2009; Oikonomidis et al., 2015; Ramamoorthy & Rammohan, 2015). A tecnologia de deteção remota pode ser usada de forma eficaz para identificar e mapear as caraterísticas dos recursos da terra para entender a recarga de águas subterrâneas (№ & Chang, 2009; Zomlot et al., 2015b). Um Sistema de Informação Geográfica "GIS" é definido como "uma coleção organizada de hardware de computador, software, dados geográficos e habilidade pessoal projetada para capturar, armazenar, atualizar, manipular, analisar e exibir todas as formas de informações geograficamente referenciadas", ft tem sido amplamente utilizado em vários campos, como agricultura, gestão de recursos hídricos, identificação de recarga de águas subterrâneas e estudos de mapeamento, estudos ambientais, distribuição de água e gestão de recursos naturais (ESRI, 1992; Saxena et al., 2000; Dar et al., 2010).

A Etiópia é também dotada de uma quantidade substancial de recursos hídricos. O país está dividido em 12 bacias hidrográficas, 9 das quais são bacias hidrográficas húmidas, 1 bacia lacustre e as restantes 3 são bacias hidrográficas secas, com um caudal nulo ou insignificante no sistema de drenagem. Quase todas as bacias irradiam do planalto central do país, que se separa em dois devido ao Vale do Rift. As bacias drenadas pelos rios originários das montanhas a oeste do Vale do Rift fluem para oeste para o sistema da bacia do rio Nilo, e as originárias das terras altas orientais fluem para leste para a República da Somália. Os rios que drenam no Vale do Rift têm origem nas terras altas adjacentes e correm para norte e sul da elevação no centro do Vale do Rift Etíope (Melesse et al., 2013)

Existem recursos hídricos de superfície na bacia hidrográfica de Birki e a comunidade utiliza-os para diferentes actividades domésticas e agrícolas, mas não existe qualquer informação sobre a quantidade de recarga de águas subterrâneas na bacia hidrográfica específica para uma utilização sensata e sustentável e uma gestão adequada dos recursos hídricos limitados. Assim, a estimativa da recarga de águas subterrâneas nessa bacia hidrográfica específica tem o seu próprio papel na resolução dos problemas relacionados com a gestão e o planeamento dos recursos hídricos para o desenvolvimento sustentável, utilizando modelos hidrológicos como o modelo WetSpass com a ajuda de SIG e técnicas de deteção remota.

O modelo WetSpass é um modelo de simulação espacialmente distribuído para a transferência de água e energia entre o solo, as plantas e a atmosfera em estado quase estacionário, que prevê padrões espaciais de escoamento superficial, evapotranspiração e recarga de águas subterrâneas a uma escala regional (Batelaan & De Smedt, 2007). O modelo entende uma região como um padrão regular de células raster. Cada célula raster é ainda subdividida em vegetação, solo nu, água aberta e materiais impermeáveis, e as componentes sazonais do balanço hídrico são calculadas para cada célula da grelha.

O modelo WetSpass foi aplicado na Bélgica (Batelaan & De Smedt, 2007), em Dire-Dawa, Etiópia (Tilahun & Merkel, 2009), na Faixa de Gaza, Palestina (A. M. Aish, 2010), em Hasabasin, Jordânia (Abu-Saleem et al., 2010), na bacia hidrográfica de Geba, Etiópia (Gebreyohannes et al, 2013a), bacia hidrográfica de Illala, Etiópia (Arefaine et al., 2012), bacia hidrográfica de Jafr, Jordânia (Al Kuisi & El-Naqa, 2013), na Índia (Pandian et al., 2014), aquífero do Delta do Nilo (Armanuos & Negm, 2016) e na bacia hidrográfica de Werii, Etiópia (Gebremeskel & Kebede, 2017). De acordo com esses autores, este modelo foi implementado para a estimativa da recarga de águas subterrâneas e simula com um bom resultado, que é o principal objetivo deste trabalho de investigação. Por conseguinte, este estudo de investigação teve como objetivo implementar as novas ferramentas do modelo WetSpass baseado no Sistema de Informação Geográfica/Ciência (SIG) para estimar a recarga das águas subterrâneas na bacia hidrográfica de Birki (45 km^2), no norte da Etiópia.

1.2. Declaração do problema

A Etiópia tem um potencial de água subterrânea que varia entre 2,6 e 2,65 mil milhões de m^3 , e uma estimativa de 122 mil milhões de m^3 de água de escoamento anual (Awulachew et al., 2007). No entanto, <5% do potencial das águas superficiais é atualmente utilizado pela população, e as águas subterrâneas são um recurso potencial, mas intocado (Tesfamichael et al., 2013). Com esses recursos disponíveis no nível do país, o conhecimento específico do local e a compreensão do potencial das águas subterrâneas de uma determinada área são vitais para os usos domésticos e econômicos da água pelas comunidades locais, conforme citado por (Gebremeskel & Kebede, 2017).

As águas subterrâneas são um recurso crucial com uma extensão limitada. Para garantir uma utilização sensata das águas subterrâneas, é necessário efetuar uma avaliação adequada utilizando dados multidisciplinares, como o tipo de ocupação do solo, o solo, a precipitação e a topografia, provenientes de diferentes fontes. A deteção remota integrada e o SIG podem fornecer a plataforma adequada para a análise convergente de diversos conjuntos de dados para a tomada de decisões na avaliação, utilização, gestão e planeamento dos recursos hídricos subterrâneos. Para uma gestão eficiente e sustentável dos recursos hídricos subterrâneos, a compreensão e a quantificação da recarga das águas subterrâneas são de importância primordial (Balakrishnan et al., 2011; Zomlot et al., 2015a).

Diferentes estudos indicam que as águas subterrâneas estão a tornar-se a principal fonte de abastecimento de água em muitos países e que a compreensão da recarga e do potencial das águas subterrâneas ao nível da bacia hidrográfica tem o seu próprio papel na gestão e utilização sensata dos recursos hídricos para um desenvolvimento sustentável. Existem recursos hídricos para uso doméstico e actividades agrícolas na bacia hidrográfica de Birki, mas a quantidade de recarga das águas subterrâneas ainda não foi estimada e não há qualquer trabalho relacionado com a estimativa da recarga das águas subterrâneas nesta área específica. Nas terras altas semi-áridas da Etiópia, as águas subterrâneas são os recursos mais importantes que fornecem água para as actividades de consumo e irrigação. Atualmente, os modelos hidrológicos baseados em SIG desempenham um papel importante na exploração, identificação e gestão dos recursos hídricos subterrâneos onde há escassez de recursos hídricos. Assim, a estimativa da recarga das águas subterrâneas na bacia hidrográfica de Birki é importante para a gestão, a utilização sensata e o planeamento futuro deste recurso escasso. Por conseguinte, este estudo tem como objetivo implementar o modelo WetSpass baseado no SIG para estimar a recarga das águas subterrâneas na bacia hidrográfica de Birki (45 km^2), localizada no norte da Etiópia, nas terras altas de Tigray. Como este modelo tem sido menos aplicado nas terras altas da Etiópia, fornecerá dados importantes para o planeamento e a gestão dos recursos hídricos subterrâneos.

1.3. Objectivos da investigação

1.3.1. Objetivo geral

O objetivo geral desta investigação foi estimar a recarga média anual de águas subterrâneas a longo prazo utilizando o modelo WetSpass baseado em SIG para a bacia hidrográfica de Birki.

1.3.2. Objectivos específicos

Os objectivos específicos desta tese são os seguintes

- Estimar a recarga sazonal (inverno e verão) das águas subterrâneas da bacia hidrográfica para fins de gestão adequada, utilização sensata e planeamento futuro.
- Mapear o potencial de recarga das águas subterrâneas na bacia hidrográfica de Birki para actividades de desenvolvimento dos recursos hídricos.
- Identificar os principais factores de controlo da recarga das águas subterrâneas na bacia hidrográfica.
- Avaliar as componentes anuais do balanço hídrico estimadas pelo modelo para a bacia hidrográfica.
- Mapear o rendimento seguro das águas subterrâneas na bacia hidrográfica para o desenvolvimento sustentável

1.4. Questões de investigação

1) Qual é a recarga média anual a longo prazo das águas subterrâneas estimada pelo modelo WetSpass para a bacia hidrográfica do Birki?

2) Qual a estação do ano em que a taxa de recarga das águas subterrâneas é mais elevada e porquê?

3) Onde se encontra o maior fundo de potencial de recarga de águas subterrâneas na bacia hidrográfica e qual a sua dimensão?

4) Quais são os principais factores que controlam a taxa de recarga das águas subterrâneas na bacia hidrográfica do Birki?

5) Quais são as componentes do balanço hídrico estimadas pelo modelo WetSpass para a bacia hidrográfica?

1.5. Âmbito do estudo

Esta investigação teve como objetivo estimar a recarga das águas subterrâneas utilizando o modelo WetSpass baseado no SIG para a bacia hidrográfica de Birki, região de Tigray, norte da Etiópia. O modelo WetSpass simula a evapotranspiração real a longo prazo, o escoamento superficial, a recarga das águas subterrâneas e outros componentes do balanço hídrico da bacia hidrográfica, utilizando como dados de entrada dados hidrometeorológicos de precipitação, temperatura, velocidade do vento, evapotranspiração e dados biofísicos de utilização do solo, textura do solo, declive, topografia, nível das águas subterrâneas em formato de grelha e de ficheiro de base de dados (dbf). O objetivo deste estudo de investigação foi aplicar o modelo WetSpass à bacia hidrográfica do Birki para estimar a recarga anual e sazonal das águas subterrâneas utilizando os ficheiros de entrada acima mencionados.

1.6. Importância do estudo

As implicações deste estudo são utilizadas principalmente pelos especialistas em recursos hídricos e pelos decisores políticos como informação de base e os agricultores estão conscientes de utilizar os recursos hídricos subterrâneos de forma sensata e sustentável para o planeamento futuro. Também contribui para o desenvolvimento e gestão sustentáveis dos recursos hídricos subterrâneos pela comunidade através da aplicação de uma abordagem integrada de gestão dos recursos hídricos para diferentes fins nas suas actividades diárias e para a compreensão do potencial de recarga das águas subterrâneas da bacia hidrográfica para planeamento futuro.

1.7. Limitações do estudo

T principal limitação desta investigação foi a falta de dados hidrometeorológicos para as estações próximas de Agulea, Wukro e Haikimesheal, porque são estações de classe 3rd e registam apenas a precipitação e a temperatura. Para colmatar esta lacuna, utilizámos as estações principais de Atsebi, Mekelle e Senkata em vez das estações propostas e o teste de modelos é também uma limitação na bacia hidrográfica de Birki, porque não existe nenhuma estação de medição de caudais na bacia hidrográfica.

1.8. Estrutura da tese

Esta investigação foi organizada em cinco capítulos principais, que são discutidos de seguida:

Capítulo 1: apresenta um contexto geral da agenda de investigação com a sua declaração de problema, objectivos de investigação, questões de investigação, âmbito do estudo, significado do estudo e limitações.

Capítulo dois: este capítulo trata de revisões da literatura sobre recursos hídricos subterrâneos em áreas semi-áridas do mundo, potenciais de águas subterrâneas da Etiópia, métodos de estimativa de recarga de águas subterrâneas, recarga de águas subterrâneas e seus factores de controlo, conceitos básicos de WetSpass e modelo WetSpass para estimativa de recarga de águas subterrâneas foram os principais temas.

Capítulo três: trata principalmente de materiais e métodos, descrição da área de estudo, métodos de recolha e preparação de dados, entradas e fontes de dados do modelo WetSpass, metodologia de investigação, gestão de dados, análise de dados, apresentação de dados e materiais e software utilizados neste trabalho de investigação baseado na tese foram discutidos em pormenor.

Capítulo quatro: esta secção centra-se principalmente nos resultados que são simulados pelo modelo WetSpass para a bacia hidrográfica de Birki e nas discussões e interpretações pormenorizadas dos resultados do modelo WetSpass.

Capítulo cinco: por último, mas não menos importante, esta secção centra-se nas conclusões e recomendações que derivam dos resultados apresentados e nas formas de atuação.

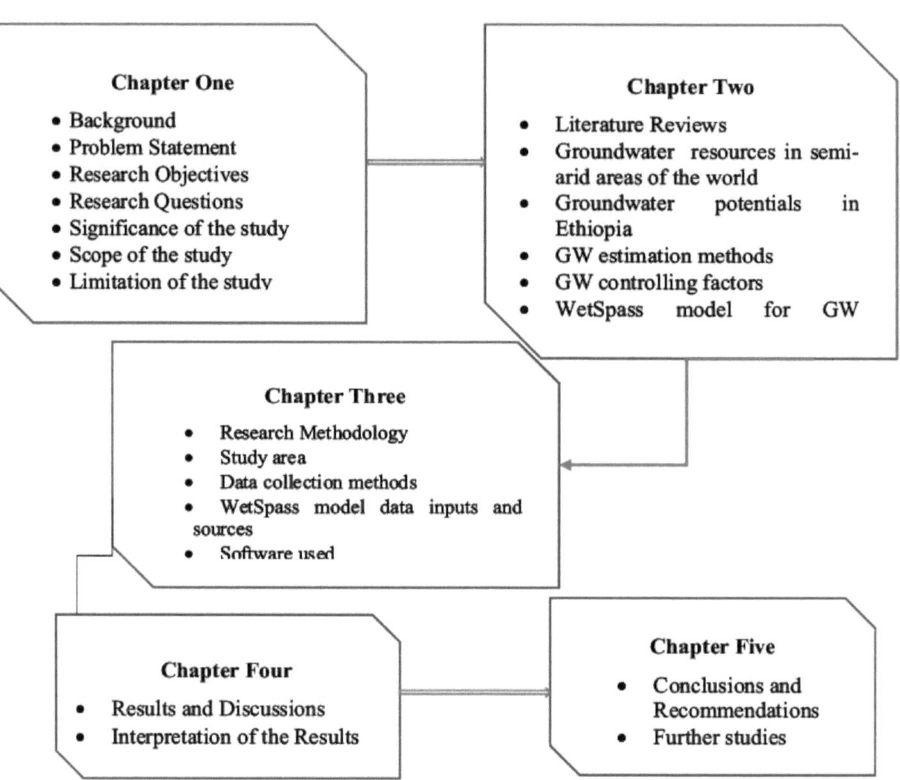

Figura 1: Quadro geral da estrutura da tese.

Capítulo: 2: Revisões de Literatura

2.1. Gestão de bacias hidrográficas e funções SIG

A integração da ferramenta SIG moderna com o crescimento da tecnologia da Internet fornece ferramentas fundamentalmente novas para compreender os processos e a dinâmica que moldam as propriedades físicas, biológicas e químicas das bacias hidrográficas através de capacidades de modelação e visualização. As ligações entre SIG, RS e bases de dados ambientais foram cruciais nos estudos de gestão e planeamento de bacias hidrográficas, em que a troca de informações e o feedback em tempo útil são muito cruciais para a participação de várias agências e partes interessadas nessas tarefas. A disponibilidade de software SIG potente, de baixo custo e fácil de utilizar, bem como de dados mais extensos referenciados espacialmente, tornaram o SIG uma ferramenta crucial para as tarefas de planeamento e gestão de bacias hidrográficas, em especial dos recursos hídricos. Como componente de um sistema de apoio à decisão espacial, o SIG fornece recursos de visualização muito poderosos para armazenar, capturar, analisar, mapear, exibir e manipular, proporcionando capacidades de avaliação intuitivas imediatas utilizadas facilmente por utilizadores não técnicos e decisores. As caraterísticas morfométricas da bacia hidrográfica foram identificadas e cartografadas de forma eficiente utilizando ferramentas hidrológicas baseadas em SIG, o que nos ajuda a compreender as propriedades físicas da bacia hidrográfica e a relacioná-las com as respostas hidrológicas. Os SIG podem resolver problemas complexos de gestão e planeamento numa bacia hidrográfica, fornecendo funções de geoprocessamento e ferramentas espaciais flexíveis para apoiar o processo de tomada de decisões de forma precisa e eficiente (Tim, 2003).

2.2. Recursos hídricos subterrâneos em zonas semi-áridas do mundo

Os recursos hídricos subterrâneos são os recursos naturais mais importantes para o abastecimento da comunidade, para as operações de processamento industrial e para as actividades agrícolas nas zonas semi-áridas. No mundo, 50% da água potável, 40% da água destinada às actividades industriais e 20% da água para a agricultura foram utilizadas a partir de recursos hídricos subterrâneos (Foster & Chilton, 2003). Atualmente, o crescimento populacional e a urbanização aumentam as necessidades diárias de água da comunidade. Assim, para colmatar esta lacuna, torna-se importante uma gestão sustentável dos recursos hídricos. A avaliação da recarga de águas subterrâneas para quantificar os potenciais de água subterrânea são os principais problemas encontrados num parâmetro difícil e difícil de estimar (Yeh et al., 2016).

Apesar de as águas subterrâneas serem um recurso precioso de extensão limitada e uma das principais fontes de água potável para vários fins, tanto em áreas urbanas como rurais, para garantir o seu uso criterioso, é necessária uma avaliação adequada (Zomlot et al., 2015b). De acordo com (Rwanga, 2013), a água subterrânea é o único recurso hídrico disponível durante todo o ano e está frequente e amplamente disponível em quantidades suficientes para suprir as necessidades das comunidades e tem um papel fundamental no desenvolvimento e gestão sustentável dos recursos hídricos subterrâneos, considerando factores hidrológicos, sociais e económicos. No entanto, as taxas de recarga são um dos parâmetros hidrológicos mais mal compreendidos em quase todos os modelos de fluxo e transporte de águas subterrâneas e o parâmetro menos compreendido porque as taxas de recarga variam muito no espaço e no tempo, e as taxas são difíceis de medir diretamente (Zomlot et al., 2015b).

2.3. Potencialidades dos recursos hídricos subterrâneos da Etiópia

A ocorrência de águas subterrâneas na Etiópia é controlada principalmente pelas condições geofísicas e climáticas e é difícil encontrar aquíferos produtivos, devido às variações da formação geológica, topografia, declive, uso do solo, cobertura vegetal, diferença de vegetação, variação na quantidade e distribuição da precipitação e caraterísticas ambientais (Alemayehu, 2006).

A formação geológica de uma determinada área fornece água subterrânea potável e tem um bom meio de transmissão da precipitação para recarga nos aquíferos, nos quais se produzem nascentes e rios perenes. A água subterrânea é uma fonte importante de operações de processamento doméstico e industrial em muitas partes do país, especialmente em áreas urbanas e rurais. No entanto, a ocorrência de água subterrânea não é uniforme em todo o país porque depende de várias condições ambientais e factores geológicos; geologicamente, o país pode ser caracterizado como 18% do subsolo pré-cambriano, 25% das rochas sedimentares paleozóicas e mesozóicas, 40% das rochas terciárias sedimentares e vulcânicas e 17% dos sedimentos quaternários e rochas vulcânicas (Alemayehu, 2006).

De acordo com (Alemayehu, 2006), ele estimou a reserva total de água subterrânea do país como 185 BCM, que é distribuída em uma área de 924.140 km^2 composta de rochas sedimentares, vulcânicas e quaternárias e sedimentos, incluindo as terras altas e o Vale do Rift. Ele estima que a recarga média de água subterrânea para todo o país é assumida como 200 mm por ano, mas precisa de confirmação com uma investigação hidrogeológica detalhada para ser usada como informação fiável sobre o potencial de água subterrânea do país.

2.4. Métodos de estimativa da recarga de águas subterrâneas

A recarga das águas subterrâneas é o movimento vertical da água para a zona saturada do aquífero através dos poros e das fracturas da superfície terrestre. A estimativa da recarga das águas subterrâneas é uma tarefa difícil, devido às variações nas formações geológicas, às condições ambientais, à variabilidade climática e à falta de fiabilidade dos dados hidrometeorológicos. Além disso, a estimativa da recarga das águas subterrâneas é importante para compreender o potencial das águas subterrâneas de uma determinada bacia hidrográfica, para uma utilização sensata e uma gestão adequada dos recursos hídricos subterrâneos. A recarga das águas subterrâneas pode ser estimada através de várias abordagens, dependendo da disponibilidade dos dados de entrada, do tipo de modelo e do nível de precisão necessário: (1) estimativa do afluxo, como o orçamento da humidade do solo e traçadores (Allison et al., 1994); (2) método de flutuação do nível da água em resposta ao aquífero; (Sophocleous 1991); (3) balanço hídrico da bacia hidrográfica (Essery e Wilcock, 1990) métodos de balanço de massa de cloreto e brometo (Allison e Hughes, 1978; Bazuhair e Wood 1996), como citado por (Tilahun & Merkel, 2009).

A recarga de águas subterrâneas é relativamente pequena e potencialmente mais variável em zonas áridas e semi-áridas, pelo que é importante a utilização de técnicas que possam lidar com a variabilidade espacial (Allison et al. 1994). Para tal, os sistemas de informação geográfica (GfS) surgiram como ferramentas eficazes e eficientes para armazenar, manusear e analisar dados espaciais e utilizados para a tomada de decisões em vários domínios de estudo, incluindo a engenharia, a geologia e o ambiente. Os modelos hidrológicos baseados em GfS são um dos modelos mais recentes e mostram um progresso muito rápido na última década devido à evolução dos sistemas informáticos avançados utilizados para realizar estudos de investigação sobre a cartografia do potencial das águas subterrâneas, a estimativa da recarga das águas subterrâneas e estudos de gestão e planeamento das águas subterrâneas (Singh, 2014). Um destes modelos hidrológicos baseados no GfS foi o modelo WetSpass, que é um modelo espacialmente distribuído que nos permite estimar a recarga das águas subterrâneas, a evapotranspiração e o escoamento superficial para uma determinada bacia hidrográfica utilizando dados hidrometeorológicos e físicos e que foi implementado com êxito nas bacias hidrográficas de Dijle-Demer-Nete na Bélgica (Batelaan & De Smedt, 2007), na bacia hidrográfica de Upper-Beibrza, Polónia (Thijs, 2002), e na bacia hidrográfica de Geba em Tigray, Etiópia (Asfaw, 2005), como citado por (Tilahun & Merkel, 2009).

Além disso, são utilizados diferentes métodos a nível mundial para quantificar a taxa de recarga das águas subterrâneas de diferentes formas (Kinzelbach et al., 2002). O balanço hídrico hidrológico, os traçadores químicos, o balanço de massa de cloreto, o método do perfil isotópico de trítio, o balanço hídrico do solo e o método do nível de flutuação da água são os métodos de recarga de águas subterrâneas mais utilizados. A textura do solo, as propriedades das rochas, a taxa de infiltração e a intensidade da precipitação têm uma relação direta com a taxa de recarga das águas subterrâneas (Bonta e Muller, 1999).

2.5. Recarga de águas subterrâneas e seus factores de controlo

A recarga de água subterrânea faz parte do orçamento hídrico do solo da zona vadosa e a infiltração é definida como a taxa de volume de água que flui para uma área unitária da superfície do solo, enquanto a percolação é o processo pelo qual a água migra para baixo através do perfil do solo na zona não saturada. A percolação profunda da água do solo, muitas vezes referida como recarga de água subterrânea pelos cientistas do solo, é a água que passou pelas zonas de evaporação e de raízes na zona vadosa e que já não está disponível para as plantas.

A força motriz para a recarga natural é a precipitação; no entanto, a recarga de águas subterrâneas pode também resultar de outros processos, tais como ribeiros e lagos.

De acordo com (Lerner et al., 1990), os processos de recarga de águas subterrâneas podem ser divididos em três processos: I) A recarga direta, que é a água adicionada ao sistema de águas subterrâneas em excesso dos défices de humidade do solo e da evapotranspiração por percolação vertical direta da precipitação através da zona não saturada, ii) A recarga localizada é uma forma intermédia de recarga resultante da concentração horizontal superficial de água em juntas e depressões locais. E iii) A recarga indireta é o fluxo de água para o lençol freático através dos leitos dos cursos de água superficiais, tais como rios e lagos.

2.5.1. Factores que afectam a recarga das águas subterrâneas

2.5.1.1. Precipitação

A precipitação é o parâmetro mais importante no processo de recarga das águas subterrâneas. É também a força motriz do ciclo hidrológico e fornece a água que acabará por recarregar o sistema de águas subterrâneas. A precipitação é afetada por factores climáticos como o vento e a temperatura, resultando numa distribuição muito complexa e dinâmica. Por conseguinte, a determinação da quantidade e da taxa de precipitação numa área é extremamente difícil devido à elevada variação espacial e temporal. (Singh, 1997) faz uma revisão da literatura sobre os efeitos da variabilidade da precipitação numa bacia hidrográfica nos hidrogramas de caudal. Conclui que a velocidade e a direção de uma tempestade têm um impacto significativo nos hidrogramas e que a precipitação temporalmente variável conduz a picos de caudal mais elevados do que a precipitação constante. Além disso, a precipitação de baixa intensidade pode não causar recarga devido a uma elevada taxa de evapotranspiração, ao passo que a mesma quantidade num período de tempo mais curto pode ser suficiente para saturar o solo e causar recarga (Lerner et al., 1990). Nas zonas áridas e semi-áridas, onde a evaporação domina o balanço hídrico, a recarga é determinada pela distribuição de fenómenos extremos de excesso de precipitação (Organisation et al., 1989).

Para além da estimativa, a medição exacta da precipitação é também muito difícil. As medições pontuais utilizando pluviómetros padrão, como os de pesagem, de capacitância, de balde basculante e ópticos, são frequentemente utilizadas para medir a precipitação acumulada num determinado local. No entanto, estes instrumentos podem estar sujeitos a grandes erros de medição e a incertezas relacionadas com o clima (Habib et al., 2001), tal como citado por (Sykes, 2006a), e fornecem estimativas deficientes da distribuição espacial da precipitação numa bacia hidrográfica. Ball e Luk, 1998, analisaram a distribuição espacial da precipitação numa bacia hidrográfica utilizando vários modelos matemáticos no ambiente SIG e mostraram que todos os métodos baseados na extrapolação espacial de dados pontuais, como os polígonos de Theissen, os pesos de distância inversos, a krigagem e o ajustamento de superfícies, apresentam erros significativos na previsão da distribuição da precipitação numa bacia hidrográfica.

Na maior parte das aplicações de modelação de águas subterrâneas, as taxas de precipitação são frequentemente consideradas constantes em termos espaciais, ou calculadas em média ao longo do tempo em análises de estado estacionário. As tempestades individuais raramente são tidas em conta, sendo normalmente utilizadas médias mensais ou anuais. O pressuposto da média temporal da precipitação parece razoável, pelo menos para períodos de tempo mais curtos, uma vez que os fluxos na zona vadosa que contribuem para a recarga são geralmente muito mais lentos do que uma tempestade individual (Sykes, 2006a).

2.5.1.2. Tipos de ocupação do solo (LULC)

O tipo de ocupação do solo pode ter um impacto significativo na infiltração e no escoamento superficial e, consequentemente, na recarga das águas subterrâneas. As áreas urbanas têm um impacto profundo na recarga das águas subterrâneas, aumentando a quantidade de áreas impermeáveis e alterando a superfície do solo do seu estado natural para um estado artificial e compactado (Lerner et al., 1990; Lerner, 2002). No entanto, o impacto mais significativo da urbanização é frequentemente o seu impacto adverso na qualidade da recarga, mais do que na sua quantidade (Foster, 2001) devido à crescente poluição que conduz à deterioração da qualidade da água.

O impacto das alterações do uso do solo na recarga das águas subterrâneas tem sido objeto de estudos de modelização. Walker et al., 2002) faz uma revisão exaustiva das abordagens de modelação utilizadas na Austrália para combater os problemas de salinidade das terras secas. Tanto (Carmon et al., 1997) como (Collin e Melloul, 2001) investigam o impacto da urbanização e das mudanças nos tipos de uso do solo no contexto do desenvolvimento sustentável das águas subterrâneas em Israel. Concluíram que devem ser adoptadas medidas para reduzir os efeitos negativos do desenvolvimento urbano na qualidade das águas subterrâneas.

De acordo com (Finch, 2001), ele estimou a resposta da recarga média anual das águas subterrâneas às alterações da ocupação do solo numa bacia hidrográfica rural no sul de Inglaterra. Observou que as mudanças na utilização do solo conduzem a alterações no padrão de recarga, mas não têm impacto no total da bacia hidrográfica.

2.5.1.3. Coberto vegetal

A cobertura vegetal de uma área reduz a taxa de recarga ao interferir diretamente com a passagem da precipitação da atmosfera para o lençol freático. O dossel da vegetação intercepta uma parte da precipitação, que depois se evapora, ou é canalizada para o solo através do fluxo do tronco, ou escorre diretamente para o solo como parte da queda (Le Maitre et al., 1999). Estes processos são muito difíceis de quantificar, uma vez que dependem de uma multiplicidade de parâmetros climáticos, como a intensidade e a duração da precipitação, a temperatura, a velocidade do vento, bem como as caraterísticas físicas das plantas individuais (Larcher, 1983). Talvez a maior influência da vegetação na recarga seja através da evaporação e da transpiração.

As raízes das plantas também desempenham um papel importante no processo de recarga, não só porque permitem que as plantas retirem água das profundezas da zona vadosa (e mesmo da zona saturada), reduzindo assim a quantidade de água de percolação que atinge o lençol freático, mas também porque criam caminhos e canais de fluxo preferenciais que ajudam o fluxo de água através do perfil do solo (Le Maitre et al., 1999). Para além da absorção, as raízes das plantas também podem exsudar água para o solo em resposta a gradientes de potencial hídrico entre elas e o solo (Burgess et al., 1998; Schulze et al., 1998).

Em geral, o efeito da vegetação na recarga pode ser tanto positivo como negativo. A vegetação intercepta a precipitação e transpira a água obtida na zona radicular do perfil do solo; no entanto, também pode facilitar a infiltração, reduzindo o escoamento superficial e criando oportunidades de armazenamento à superfície. Os sistemas radiculares das plantas também podem aumentar as taxas de recarga criando macroporos e canais no perfil do solo (Le Maitre et al., 1999), e facilitar a transferência descendente de água devido a diferenças nos potenciais de humidade (Burgess et al., 2001).

2.5.1.4. Infiltração e escoamento na zona não saturada

A infiltração é a taxa de volume de água que flui para uma área unitária da superfície do solo. É geralmente considerada unidimensional na direção vertical; no entanto, como já foi referido, as mudanças locais na cobertura do solo e a permeabilidade próxima da superfície podem levar a caminhos de fluxo laterais. A percolação é o processo pelo qual a água flui em profundidade através do perfil do solo, enquanto a percolação profunda da água do solo é a água que passou pelas zonas evaporativas e radiculares (root up take) na zona não saturada e já não está disponível para as plantas, exceto através de uma ascensão capilar. Tanto a infiltração como a percolação são processos muito complicados, uma vez que são regidos por factores como a taxa de precipitação, as condições de humidade anteriores no solo, as propriedades hidráulicas do solo, a topografia, entre outros (Sykes, 2006b). Enquanto as equações de infiltração descrevem simplesmente a taxa de movimento da água no solo à superfície, outras relações (Richards, 1931; Sykes, 2006b) são utilizadas para descrever a percolação da água através da zona não saturada.

2.5.1.5. Propriedades do solo

As propriedades hidráulicas dos solos nas zonas não saturadas são muito sensíveis ao teor de humidade e às distribuições da cabeça de pressão, assim como uma pequena alteração no teor volumétrico de água do solo pode frequentemente resultar numa alteração da condutividade hidráulica em duas ou mais ordens de grandeza (Rushton, 1988). Os solos na zona não saturada têm propriedades homogéneas semelhantes, apesar de serem constituídos por materiais em camadas de areias, siltes e argilas, o que resulta em distribuições de humidade não uniformes. A instabilidade na frente de humedecimento e as alterações subtis na estrutura de permeabilidade também podem levar ao delineamento do fluxo (Kung, 1990; Selker et al., 1992). O processo de dedilhação é reforçado por sistemas inicialmente secos, em camadas e de granulometria grosseira (Sililo e Tellam, 2000); no entanto, os teores de humidade antecedentes prevalecentes em climas húmidos irão geralmente inibir a sua ocorrência. A ocorrência imprevisível de caminhos preferenciais, devido a raízes de plantas, fendas e fissuras, mesmo em materiais relativamente homogéneos, complica ainda mais a caraterização hidráulica dos solos na zona não saturada (Simmers, 1990), conforme citado em (Allocca et al., 2015). Existem grandes variações na recarga, mesmo em solos uniformes, devido a diferenças na topografia e na geologia, que fluem do gradiente mais elevado para o mais baixo (por exemplo, Freeze e Banner, 1970; Winter, 1983; Schuh et al., 1993).

2.6. Conceitos básicos do modeloWetSpass

WetSpass é um acrónimo que significa Transferência de Água e Energia entre o Solo, as Plantas e a Atmosfera em estado quase estável (Batelaan & DeSmedt, 2001; Batelaan & De Smedt, 2007). O ft utiliza ficheiros de entrada físicos e hidrometeorológicos para simular os padrões espaciais médios a longo prazo do escoamento superficial, da evapotranspiração real e da recarga das águas subterrâneas, o que é adequado para estudar os efeitos a longo prazo das alterações do uso do solo no regime hídrico de uma bacia hidrográfica (Batelaan & DeSmedt, 2001; Batelaan & De Smedt, 2007; Dams et al, 2007; A. Aish et al., 2010). A aplicação deste modelo é compatível e integrada com o software GIS ArcView durante o processo de simulação, estima a diferença espacial da recarga de águas subterrâneas numa base sazonal e anual e foi aplicada com sucesso em diferentes países por diferentes autores, pelo que as conclusões desses autores mostraram que a estimativa da recarga de águas subterrâneas foi estimada com sucesso com um bom resultado (Al Kuisi & El-Naqa, 2013).

2.6.1. Descrição do modelo:

O balanço hídrico total para uma dada célula raster (Figura 2) é dividido em componentes independentes do balanço hídrico para as partes vegetadas, de solo nu, de águas abertas e impermeáveis de cada célula. Isto permite ter em conta a não uniformidade da utilização do solo por célula, que depende da resolução da célula raster. Os processos em cada parte de uma célula foram definidos em cascata. Isto significa que é assumida uma ordem de ocorrência dos processos, após o evento de precipitação. A definição dessa ordem é um pré-requisito para a escala de tempo sazonal com a qual os processos serão quantificados. A quantidade determinada para cada processo é consequentemente limitada por uma série de restrições físicas e hidrometeorológicas da área sob investigação (Batelaan & DeSmedt, 2001).

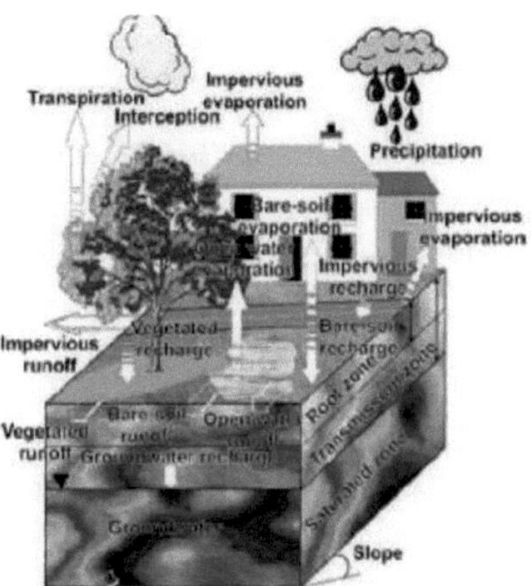

Figura 2: Representação esquemática do balanço hídrico de uma célula raster hipotética mostrando os processos superficiais e sub-superficiais, segundo Batelaan e De Smedt (2001).

2.6.2. Cálculo do balanço hídrico utilizando o modelo WetSpass

As componentes do balanço hídrico de vegetação, solo nu, águas abertas e superfícies impermeáveis são utilizadas para calcular o balanço hídrico total de uma célula raster da seguinte forma;

$$ET_{raster} = avETv + asEs + aoEo + aiEi \ldots\ldots\ldots\ldots 1$$

$$S_{raster} = avSv + asSs + aoSo + aiSi \ldots\ldots\ldots\ldots 2$$

$$R_{raster} = avRv + asRs + aoRo + aiRi \ldots\ldots\ldots\ldots 3$$

Em que ETraster, Sraster e Rraster são, respetivamente, a evapotranspiração total, o escoamento superficial e a recarga das águas subterrâneas de uma célula raster, tendo cada uma delas uma componente de vegetação, de solo nu, de águas abertas e de área impermeável, designadas por av, as, ao e ai, respetivamente.

A precipitação é tomada como o ponto de partida para o cálculo do balanço hídrico de cada uma das componentes acima mencionadas de uma célula raster; os restantes processos, como a interceção, o escoamento superficial, a evapotranspiração e a recarga, seguem de forma ordenada.

2.6.2.I. Área vegetada

O balanço hídrico para uma área com vegetação depende da precipitação sazonal média (P), da fração de interceção (I), do escoamento superficial (Sv), da transpiração real (Tv) e da recarga de água subterrânea (Rv), todos com a unidade de [LT^{-1}], com a relação dada abaixo

$$P = I + Sv + Tv + Rv \ldots\ldots 4$$

2.6.2.2. Escoamento superficial

O escoamento superficial é calculado em função da quantidade de precipitação, da intensidade da precipitação, da interceção e da capacidade de infiltração do solo. Inicialmente, o escoamento superficial potencial (Sv - pot) é calculado como

$$S_v - pot = C_{sv} (P - I) \ldots\ldots 5$$

Onde, Csv é um coeficiente de escoamento superficial para áreas de infiltração com vegetação, e é uma função da vegetação, tipo de solo e declive. Na segunda etapa, o escoamento superficial real é calculado a partir do Sv- pot, considerando as diferenças nas intensidades de precipitação em relação às capacidades de infiltração do solo.

$$S_v = C_{Hor} S_v - pot \ldots\ldots 6$$

Em que CHor é um coeficiente de parametrização que faz parte de uma precipitação sazonal que contribui para o escoamento superficial Hortoniano. O CHor para as zonas de descarga de águas subterrâneas é igual a 1,0, uma vez que todas as intensidades de precipitação contribuem para o escoamento superficial. Apenas as tempestades de alta intensidade podem gerar escoamento superficial nas zonas de infiltração.

2.6.2.3. Evapotranspiração

Um valor de referência da transpiração é obtido a partir da evaporação em águas abertas e de um coeficiente de vegetação para o cálculo da evapotranspiração sazonal:

$$T_{rv} = cEo \ldots\ldots 7$$

Trv = a transpiração de referência de uma superfície vegetada [LT^{-1}];

E_o =evaporação potencial de águas abertas [LT^{-1}] e c= coeficiente de vegetação [-]

Este coeficiente de vegetação pode ser calculado como o rácio entre a transpiração da vegetação de referência, dada pela equação de Penman Monteith, e a evaporação potencial em águas abertas, dada pela equação de Penman,

$$C = \frac{1+\frac{\gamma}{}}{1+\frac{\gamma}{}\left(1+\frac{r_c}{r_a}\right)} \ldots\ldots 8$$

Em que; = Constante psicométrica [$ML^{-1} T^{-2} C^{-1}$];

= Declive da primeira derivada da curva de pressão de vapor saturado [$ML^{-1} T^{-2} C^{-1}$];

r_c = Resistência do dossel [TL^{-1}] e

r_a = resistência aerodinâmica [TL^{-1}] dada por;

$$r_a = \frac{1}{k^2 u_a}\left(\ln\left(\frac{z_a - d}{z_o}\right)\right)2 \quad \ldots\ldots\ldots\ldots\ldots\ldots\ldots 9$$

2.7. Modelo WetSpass para estimativa da recarga de águas subterrâneas

A recarga das águas subterrâneas é a fonte de todas as águas subterrâneas, que, por sua vez, constituem uma fonte natural valiosa para uma vasta gama de actividades humanas e são essenciais para ecossistemas naturais específicos. Por conseguinte, uma estimativa fiável da recarga das águas subterrâneas é crucial para um planeamento, gestão e utilização sustentáveis dos recursos hídricos subterrâneos. A recarga das águas subterrâneas depende de uma combinação de condições biofísicas da bacia hidrográfica e de factores hidrometeorológicos e o cálculo do orçamento hídrico foi simulado utilizando o modelo WetSpass (Batelaan & DeSmedt, 2001 e 2007).

Prevê padrões espaciais de escoamento superficial, evapotranspiração e recarga de águas subterrâneas a uma escala regional (Batelaan & De Smedt, 2007). O modelo WetSpass é um modelo hidrológico espacialmente distribuído baseado em SIG, utilizado para estimar as componentes médias anuais a longo prazo do balanço hídrico de uma determinada bacia hidrográfica. Utiliza dados hidro-meteorológicos e biofísicos relacionados com as propriedades da bacia hidrográfica para simular o escoamento superficial, a evapotranspiração real e a recarga das águas subterrâneas numa base sazonal e anual. O modelo WetSpass foi aplicado na Bélgica (Batelaan & De Smedt, 2007), na Palestina (A. M. Aish, 2010), na bacia hidrográfica de Ulala, na Etiópia (Arefaine et al., 2012), na bacia hidrográfica de Jafr, na Jordânia (Al Kuisi & El-Naqa, 2013), na Índia (Pandian et al, 2014), e no Aquífero do Delta do Nilo (Armanuos & Negm, 2016) e os resultados da simulação são testados utilizando medições de escoamento a longo prazo e registos de estações de medição de cursos de água próximas.

Capítulo: 3: Materiais e Métodos

3.1. Descrição da zona de estudo

3.1.1. Localização geográfica da bacia hidrográfica do Birki

A área de estudo, que é a bacia hidrográfica de Birki, está localizada na bacia do rio Geba do Estado Regional Oriental de Tigray, no norte da Etiópia (Figura 3). A bacia hidrográfica encontra-se em dois distritos, nomeadamente Kilte awelaelo e Atsebi-Wenberta. Geograficamente, situa-se nas latitudes de 13,65° a 13,75° Norte e nas longitudes de 39,60° a 39,71° Este, com uma altitude que varia entre 1999 e 2514 m acima do nível médio do mar e uma área de 45 km^2 (processamento próprio). O rio Birki corre da escarpa oriental da zona oriental de Tigray para oeste, contribuindo para o rio Geba, um afluente do rio Tekeze. É um rio perene, mas o seu caudal é extremamente baixo na estação seca e as cheias elevadas durante a estação húmida (julho a setembro).

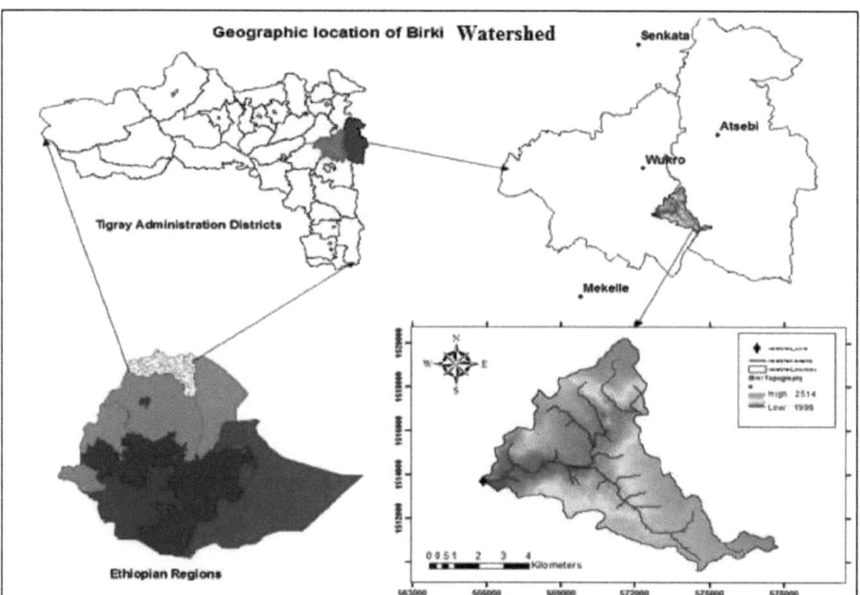

Figura 3: Mapa da zona objeto de investigação. Bacia hidrográfica de Birki: Norte da Etiópia (Fonte: Elaboração própria).

3.1.2. Clima da bacia hidrográfica

Tradicionalmente, a amplitude altitudinal e a temperatura são utilizadas para classificar o sistema climático da Etiópia. Com base neste sistema de classificação, existem cinco zonas climáticas no país. A zona de Berha é uma região muito quente e hiper-árida com menos de 500 m de altitude. A zona de Kola é também uma região quente e árida que varia entre 500 e 1500 m de altitude. Do mesmo modo, Woina-Dega tem uma temperatura óptima e uma elevação que varia entre 1500 e 2500 m de altitude. As zonas de Dega e Wurch encontram-se em regiões montanhosas com altitudes de 2500 a 3000 e superiores a 3000 m de altitude, respetivamente

(NMA, 2001). A bacia hidrográfica do Birki recebe uma precipitação média anual que varia entre 562 mm/ano e 580 mm/ano com um valor médio de 573 mm/ano (Figura 4A), a altitude varia entre 1999 e 2514 m a.s.l. (Figura 4B) e a temperatura média anual a longo prazo da bacia hidrográfica varia entre 17.3^0 c a 19,7^0 c com valor médio de 18,2° c, com base nesta classificação agro-climática a bacia hidrográfica do Birki foi classificada como região climática Woina-Dega/semi-árida (NMA e processamento próprio em ambiente ArcGIS).

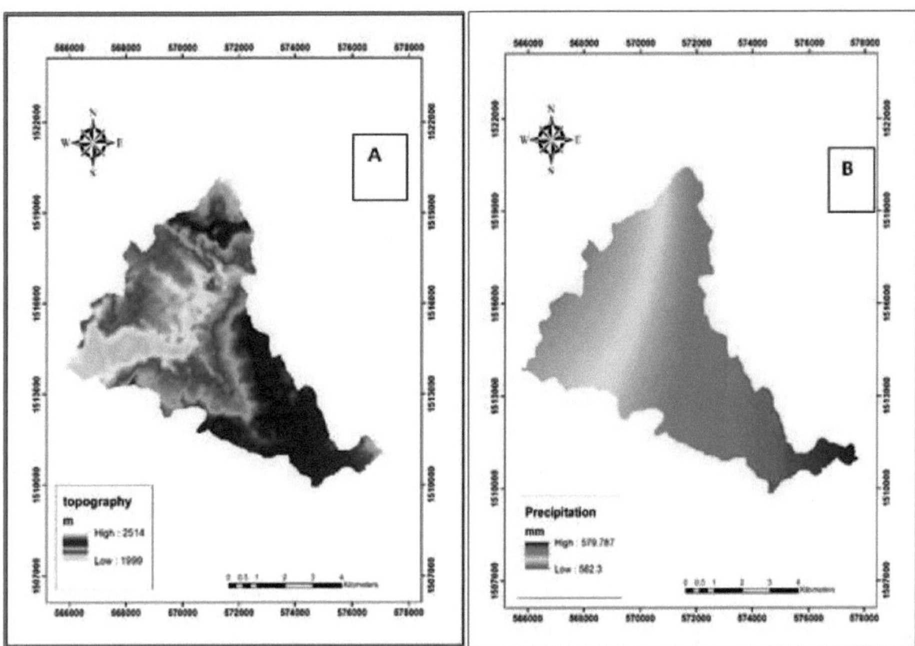

Figura 4: Topografia (A) e mapa de precipitação anual (B) para a bacia hidrográfica do Birki.

3.1.3. Tipo de solo e formação geológica da bacia hidrográfica

O tipo de solo é um dos componentes físicos da bacia hidrográfica e está diretamente relacionado com a taxa de infiltração e o escoamento superficial. Os solos argilosos têm a capacidade de reter a água mais do que os solos arenosos, porque os espaços porosos são estreitos (grande proporção de micro-porosidade). As caraterísticas de alta retenção de água deste solo fazem com que a água bloqueie a percolação para o lençol freático, resultando na redução da recarga das águas subterrâneas. Mas nos solos arenosos existem grandes espaços porosos e a capacidade de retenção de água é baixa em comparação com os solos argilosos, o que leva a que a água se infiltre nas águas subterrâneas. Com base no sistema de classificação taxonómica dos solos do USDA, foram identificados três tipos principais de solos na bacia hidrográfica do Birki. Estes tipos de solo são o solo siltoso, o solo argiloso e o solo arenoso. O solo argiloso foi o tipo de solo dominante na bacia hidrográfica com 87%, o solo siltoso (7%) e o solo arenoso (6%), (Figura 5A) e a compreensão das formações geológicas de uma bacia hidrográfica é importante para se relacionar com a recarga das águas subterrâneas na área selecionada. A mini-bacia hidrográfica de Birki tem três formações geológicas principais, arenito superior, xisto e xisto-marga-calcário, sendo as formações geológicas de arenito superior e xisto as formações geológicas dominantes na bacia hidrográfica de Birki (Figura 5B).

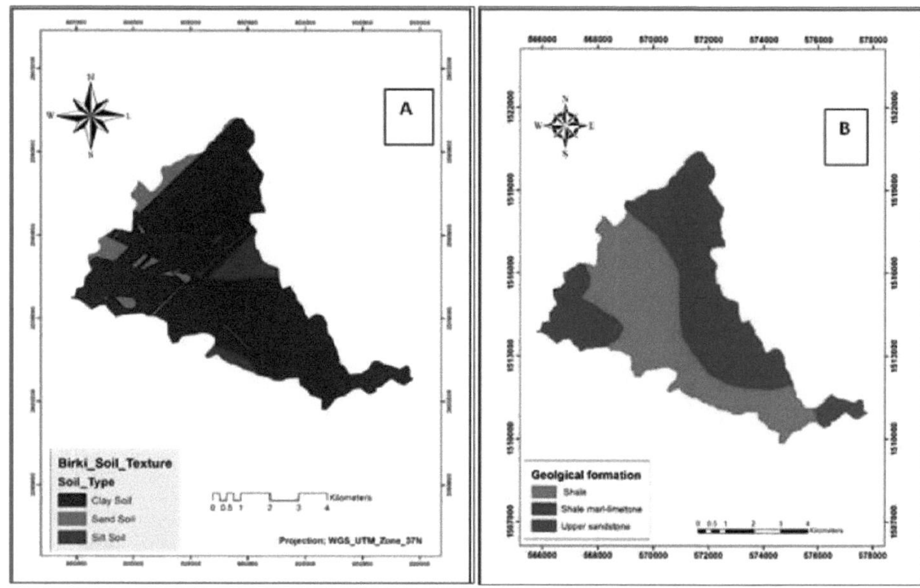

Figura 5: Textura do solo (A) e mapa geológico (B) da bacia hidrográfica de Birki.

3.1.4. Utilização do solo tipos de ocupação do solo da bacia hidrográfica

A cartografia da ocupação do solo e a deteção de alterações na ocupação do solo são uma das aplicações mais importantes dos SIG e da teledeteção. A utilização do solo desempenha um papel significativo no desenvolvimento dos recursos hídricos subterrâneos. Controla muitos processos hidrogeológicos no ciclo da água através da infiltração, percolação, interceção, evapotranspiração e escoamento superficial. A cobertura da superfície por vegetação e fragmentos de rocha proporciona rugosidade à superfície, reduz a descarga e aumenta a taxa de infiltração. Nas zonas florestais, a infiltração será maior e o escoamento será menor, ao passo que nas zonas urbanas, caracterizadas por uma superfície impermeável, a taxa de infiltração é baixa e o escoamento aumenta rapidamente. A teledeteção e o SIG fornecem excelentes informações no que respeita à distribuição espacial do tipo de vegetação e da utilização dos solos num curto espaço de tempo e a baixo custo, em comparação com os dados convencionais, como os inquéritos de campo exaustivos. Os tipos de ocupação do solo de uma área influenciam o processo de escoamento superficial, que afecta a ocorrência de água sub-superficial, a infiltração, a erosão, a evapotranspiração e, finalmente, a recarga das águas subterrâneas. A tecnologia de teledeteção desempenha um papel importante na cartografia dos tipos de ocupação do solo de uma zona e na deteção de alterações na ocupação do solo de uma forma eficaz e eficiente. Nesta investigação, o Landsat-8 OLI- 2015 (Figura 6) foi descarregado do sítio Web https://glovis.usgs.gov/ e foram recolhidos 200 pontos de controlo do solo para classificação (120 pontos GCP) e para avaliação da precisão (80 pontos

GCP) para preparar o mapa de ocupação do solo da bacia hidrográfica utilizando a técnica de classificação supervisionada de imagens no Erdas Imagine. Com base na classificação dos solos e na orientação cartográfica da FAO, foram identificadas cinco classes principais de ocupação do solo na bacia hidrográfica de Birki, nomeadamente a cobertura de solos cultivados (36,4%), a cobertura de solos arbustivos (41,6%), a cobertura de solos nus (21,5%), a cobertura de solos construídos (0,9%) e a cobertura de massas de água (0,2%).

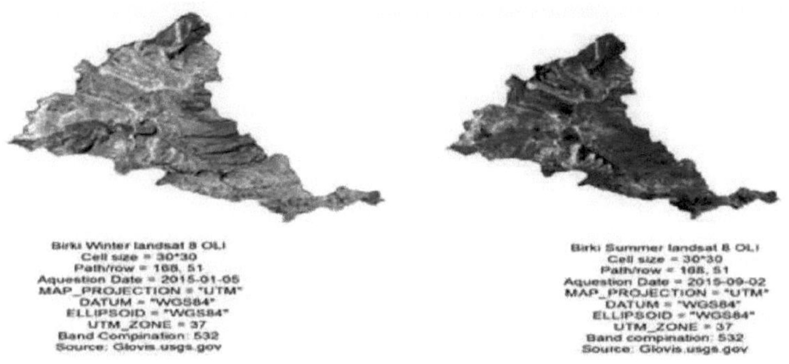

Figura 6: Produto Landsat-8OLI para a bacia hidrográfica de Birk, descarregado do sítio Web glovis.

3.1.5. Mapeamento do nível das águas subterrâneas da bacia hidrográfica

O nível das águas subterrâneas, que é a diferença entre a elevação da superfície e o lençol freático estático, é um dos inputs do modelo WetSpass para simular a recarga média anual das águas subterrâneas a longo prazo numa determinada bacia hidrográfica. Na bacia hidrográfica do Birki, o nível das águas subterrâneas foi preparado utilizando o método de interpolação do peso inverso da distância (IDW) a partir de catorze poços de esterco manuais circundantes e o nível das águas subterrâneas varia entre 2084 e 2167,2 m a.s.l. com um nível médio de 2108,2 m e um desvio padrão de 13,2 m (Figura 7). O nível freático elevado foi observado nas escarpas do sudeste da bacia hidrográfica, enquanto o nível freático baixo foi observado nas partes noroeste e central da bacia hidrográfica do Birki.

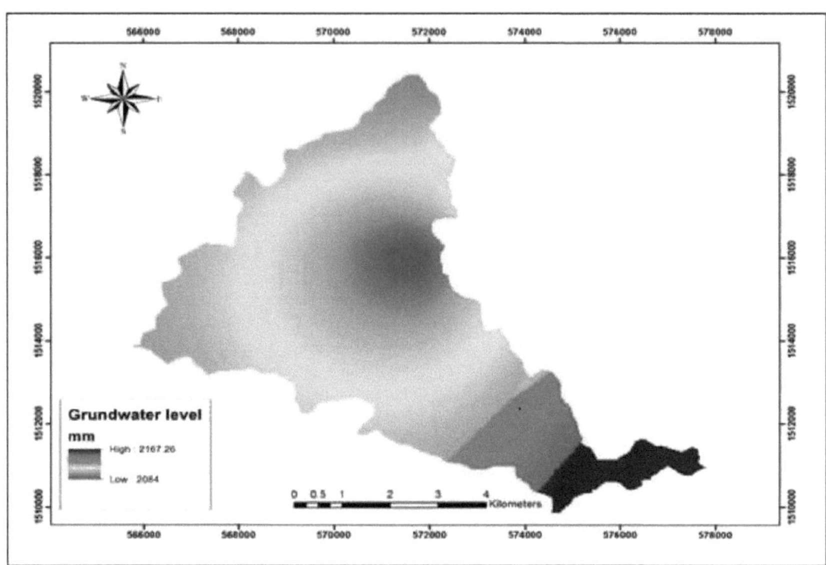

Figura 7: Mapa do nível das águas subterrâneas da bacia hidrográfica de Birki.

3.1.6. Declive e rede de cursos de água da bacia hidrográfica

O tipo de declive também tem o seu próprio papel no controlo da recarga das águas subterrâneas ao nível da bacia hidrográfica, estando principalmente relacionado com a velocidade do escoamento superficial, o declive íngreme tem uma velocidade elevada e uma baixa taxa de infiltração e vice-versa, assim como o declive plano tem um movimento lento do escoamento, o que leva à ativação e aumenta a taxa de infiltração.

Como resultado, a bacia hidrográfica tem um declive que varia de 0 a 91%, com um declive médio de 13,8% e um desvio padrão de 10,3. O mapa de declive da bacia hidrográfica (Figura 8A) varia de plano a montanhoso e foi classificado em seis classes de acordo com o método de classificação de declive da FAO (Hadush, 2015), classes 0-3% (plano), 3-8% (suave), 8- 15% (moderado), 15-30% (íngreme) e 30-50% (muito íngreme), >50% (extremamente íngreme) e a bacia hidrográfica é do tipo dendrítico com redes de riachos altos a partir da água da cabeceira até a saída (Figura 8B).

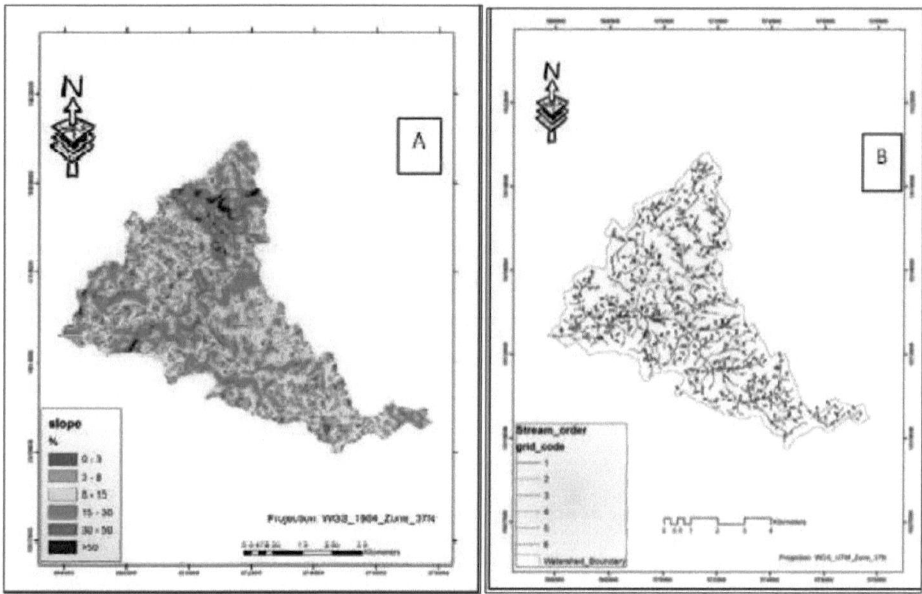

Figura 8: Classe de declive (A) e rede de cursos de água (B) para a bacia hidrográfica de Birki

3.1.7. Actividades agrícolas na bacia hidrográfica

A agricultura é a principal fonte de economia da comunidade na bacia hidrográfica do Birki. O rio Birki corre da escarpa oriental da zona oriental de Tigray para oeste, é um rio perene mas o caudal é extremamente baixo durante a estação seca. Perto da pequena cidade de Agulea, uma área de cerca de 150 hectares é intensamente cultivada por um grupo de cerca de 600 agricultores que desenvolveram um sistema de irrigação "tradicional" baseado no fluxo de gravidade na bacia hidrográfica. O sistema de irrigação "tradicional" evoluiu ao longo de uma longa história que remonta, segundo os agricultores locais, a cerca de 1913. Os agricultores irrigam as suas terras duas vezes por ano, utilizando a irrigação e a agricultura de sequeiro. A maior parte dos produtos agrícolas são trigo, milho, mal, tomate, pimento, alface e cebola.

3.2. Metodologia de investigação

O modelo WetSpass foi utilizado como metodologia para simular a média temporal e as diferenças espaciais do escoamento superficial, a evapotranspiração real e a recarga das águas subterrâneas numa base sazonal e anual para a bacia hidrográfica de Birki. Em geral, para executar o modelo WetSpass, são necessários dois parâmetros de entrada básicos, que são os dados hidrometeorológicos e biofísicos relacionados com a bacia hidrográfica, e os dados necessários devem ser preparados nos formatos necessários de grelha e ficheiro de base de dados (DBF). Para tal, os dados hidrometeorológicos das estações de Atsebi, Senkata, Wukro e Mekelle foram recolhidos da Agência Nacional de Meteorologia (NMA) para preparar ficheiros de grelha de precipitação, evapotranspiração potencial, temperatura e velocidade do vento, imagens de satélite DEM e LULC foram descarregadas do sítio Web glovis para preparar mapas de declive, topografia e ocupação do solo da bacia hidrográfica. O mapa de textura do solo da bacia hidrográfica foi também elaborado com 65 amostras de solo colhidas na bacia hidrográfica através de uma amostragem aleatória sistemática de cada classe de ocupação do solo com uma profundidade de 0 a 15 cm e uma distância de 100 m entre as classes de ocupação do solo, tendo depois sido elaborado um mapa de textura do solo em grelha utilizando o método de interpolação ponderado pela distância inversa (1DW). A bacia hidrográfica de Birki foi delineada utilizando as ferramentas Arc-hydro no ambiente Arc-GfS.

Para que o modelo funcione eficazmente, todas as camadas temáticas foram preparadas em formato de ficheiro de grelha e as tabelas de atributos em formato de ficheiro de base de dados (DBF), tais como a ocupação do solo, o coeficiente de escoamento superficial e os parâmetros de textura do solo. Depois de preparadas, todas estas camadas devem ter o mesmo sistema de coordenadas e uma resolução espacial de 30 m, e as grelhas temáticas foram extraídas em função da extensão da bacia hidrográfica. Por último, mas não menos importante, todas estas camadas de grelha e formatos de ficheiros de base de dados foram introduzidos no modelo WetSpass para simulação da recarga de águas subterrâneas da bacia hidrográfica de Birki.

3.3. Métodos de recolha de dados e de preparação de dados

Atualmente, tanto as tecnologias GfS como RS são consideradas ferramentas básicas para os recursos hídricos, avaliação, gestão e estudos de águas subterrâneas. Neste trabalho de investigação, foram recolhidos dados primários e secundários de diferentes fontes e em diferentes formatos. Classificamos os métodos de recolha de dados em duas categorias principais: 1) Recolha de dados com base em inquéritos de campo e 2) Métodos de recolha de dados com base em documentação e laboratório.

3.3.1. Métodos de recolha de dados baseados em inquéritos de campo

Este método de recolha de dados consiste na recolha dos dados físicos necessários da área de estudo utilizando a ferramenta GPS. Nesta fase, foi recolhida a localização geográfica da saída, 120 pontos de controlo do solo (GCP) do solo e 80 GCP do Google Earth. Utilizando o Sistema de Posicionamento Global (GPS), foram recolhidas 65 amostras de solo dos 15 cm superiores de profundidade com um trado de solo e foi aplicada uma amostragem aleatória sistemática em cada classe de ocupação do solo para preparar o mapa textural do solo da bacia hidrográfica de Birki.

Figura 9: Ilustração das actividades de recolha de dados no terreno Recolha de dados de pontos de controlo no solo (GCP) (A), amostragem do solo (B) e classificação da textura do solo (C) na bacia hidrográfica do Birki.

3.3.2. Métodos de recolha de dados documentais e laboratoriais

O trabalho de gabinete é o método básico de recolha de dados neste estudo; basicamente, está relacionado com as actividades de geoprocessamento no escritório, utilizando software e acesso à Internet para recolher parâmetros de entrada importantes, utilizando técnicas de deteção remota e ferramentas GfS. Algumas das actividades básicas de escritório neste trabalho de investigação foram mencionadas da seguinte forma: o DEM e a imagem de satélite landsat-8 OLf foram descarregados do sítio Web glovis (https://glovis.usgs.gov/) utilizando o caminho e a linha da bacia hidrográfica, ou seja, 168, 51 e a bacia hidrográfica de Birki foi delineada a partir do DEM utilizando as ferramentas Arc-hydro no ambiente ArcGfS. O mapa de ocupação do solo foi também preparado utilizando a classificação supervisionada de imagens com o algoritmo de classificação de Máxima Verosimilhança e a avaliação da exatidão foi realizada utilizando o software Erdas Imagine. Por último, o mapa de declives e topografia foi derivado do DEM utilizando ferramentas de análise espacial do conjunto de ferramentas Arc tool box do software ArcGfS, o mapa do nível das águas subterrâneas e da textura do solo foi preparado utilizando o método de interpolação 1DW e os parâmetros hidrometeorológicos de entrada foram recolhidos da Agência Nacional dos Serviços Meteorológicos (NMA) e os mapas de grelha foram preparados utilizando a interpolação 1DW.

3.4. Entradas de dados do modelo WetSpass e respectivas fontes

Os modelos hidrológicos baseados no GfS, tais como o modelo WetSpass, foram utilizados para analisar os sistemas de águas subterrâneas em estado estacionário e necessitam de dados hidrometeorológicos médios a longo prazo e de padrões espaciais de camadas biofísicas baseadas em bacias hidrográficas como principais entradas. O WetSpass necessita dos parâmetros numa base sazonal, pelo que quatro meses de junho, julho, agosto e setembro são considerados como verão (principal estação chuvosa) e os restantes oito meses são considerados como inverno (estação seca) no caso da Etiópia, particularmente na área de estudo. Os mapas de grelha e as tabelas de parâmetros são necessários como entradas para o modelo e foram preparados com a ajuda das ferramentas ArcGIS e do software Erdas Imagine. Estes mapas de grelha eram a ocupação do solo, a textura do solo, o declive, a topografia e os níveis de água subterrânea, a precipitação, a evapotranspiração potencial e a velocidade do vento. Os ficheiros de entrada preparados como tabelas de parâmetros foram também preparados num formato de ficheiro de base de dados (dbf); estes são a ocupação do solo no verão e no inverno, a textura do solo e o coeficiente de escoamento superficial. Todas as entradas e as suas fontes foram mencionadas da seguinte forma no (Quadro 1).

Tabela 1: Parâmetros de entrada e fontes para o modelo WetSpass.

ID	*Parâmetro de entrada*	*Fontes*	*Resolução de processamento*
1	Textura do solo	Mapa baseado na análise de amostras de solo	30*30M
2	DEM(Topografia e declive)	Glovis.usgs.gov& processo próprio	30*30M
3	Utilização do solo cobertura do solo (verão e	Glovis.usgs.gov& processo próprio	30*30M

	inverno)		
4	Temperatura (verão e inverno)	NMA e autotransformação	30*30M
5	Precipitação (verão e inverno)	NMA e autotransformação	30*30M
6	PET (verão e inverno)	NMA e autotransformação	30*30M
7	Velocidade do vento (verão e inverno)	NMA e autotransformação	30*30M
8	Profundidade das águas subterrâneas (verão e inverno)	Recursos hídricos regionais	30*30M
9	Tabela de pesquisa de parâmetros do solo	Guia do utilizador do WetSpass e revisão da literatura	
10	Tabela de consulta do coeficiente de escoamento superficial	Guia do utilizador do WetSpass e revisão da literatura	
11	Parâmetros de utilização do solo (verão e inverno) tabela de consulta	Guia do utilizador do WetSpass e revisão da literatura	

3.4.1. Preparação dos dados biofísicos de entrada e dos mapas da grelha hidrometeorológica.

O mapa de ocupação do solo da bacia hidrográfica foi preparado utilizando o método de classificação supervisionada de imagens com uma exatidão global de 82% e uma estatística Kappa de 0,78 utilizando Erdas Imagine. A técnica de interpolação utilizada aqui é o método da distância inversa ponderada (IDW) e é utilizada para estimar os valores em falta entre medições conhecidas. O mapa hidrometeorológico e de textura do solo da bacia hidrográfica foi também preparado utilizando a técnica de interpolação Inverse Distance Weighted (IDW). A razão para utilizar este método de interpolação é o facto de ser rápido e fácil de implementar para fins específicos com poucos dados medidos e dispersos. Cada valor estimado numa interpolação IDW é uma média ponderada dos pontos de amostragem circundantes. Os pesos são calculados tomando o inverso da distância entre a localização de uma observação e a localização do ponto que está a ser estimado (Burrough & McDonnell, 1998). Os dados hidrometeorológicos de longo prazo da área de estudo foram preparados da seguinte forma:

Tabela 2: Dados hidrometeorológicos sazonais médios de longo prazo das principais estações próximas (precipitação (pre), temperatura (temp), velocidade do vento (ws).

Id	*Estações*	*Lat*	*Longo*	*Alt*	*Pre_Win*	*urna*	*Temp_Win*	*Temp_Sum*	*WS_Win*	*ws_sum*
1	Atsebi	13.9	39.7	2659	122.7	478.1	13.86	15.86	2.14	2.34
2	Mekelle	13.5	39.5	2004	95.4	466.4	19.19	20.47	1.58	0.80
3	Senkata	14.1	39.6	2487	125.4	397.0	17.27	17.70	2.11	1.59
4	Wukro	13.8	39.6	2020	61.69	500.6	19.30	20.50	0.00	0.00

Quadro 3: Dados hidrometeorológicos sazonais médios a longo prazo das principais estações próximas (evapotranspiração potencial no inverno e no verão, PET_Win, Sum), precipitação média (mean_ppt), temperatura média e PET médio anual.

id	*Estações*	*Lat*	*Longo*	*Alt*	*PET_W em*	*PET_Sum*	*Média pp<*	*Temperatura_média*	*Anual_PET*
1	Atsebi	13.9	39.7	2659.0	943.1	507.6	600.8	14.53	1450.7
2	Mekelle	13.5	39.5	2004.0	1092.1	463.5	561.8	19.18	1555.6
3	Senkata	14.1	39.6	2487.0	1143.1	492.3	522.4	18.10	1635.4
4	Wukro	13.8	39.6	2020.0	0.0	0.0	562.3	19.66	0.0

Utilizando os dados hidrometeorológicos médios anuais a longo prazo acima referidos das principais estações próximas, foram preparados mapas de grelha da bacia hidrográfica de Birki (Figura 10) utilizando o método de interpolação IDW no ambiente ArcGIS. Além disso, os dados físicos necessários (Figura 11) devem ter um formato de ficheiro de grelha para serem lidos pelo modelo para uma simulação eficaz, pelo que as entradas foram preparadas utilizando o Erdas imagine e o ambiente ArcGIS.

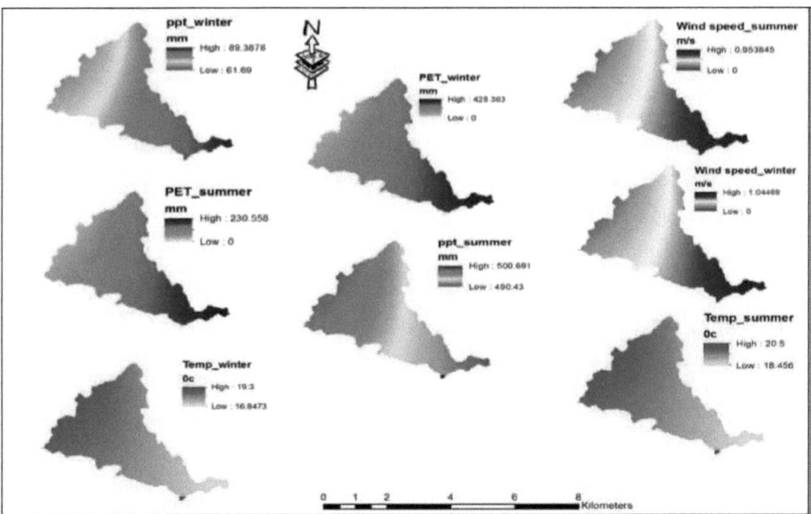

Figura 10: Entrada da grelha hidrometeorológica para o modelo WetSpass. (Fonte: NMA & Processamento próprio utilizando o ambiente ArcGIS, Análise Geostática com o método de interpolação IDW).

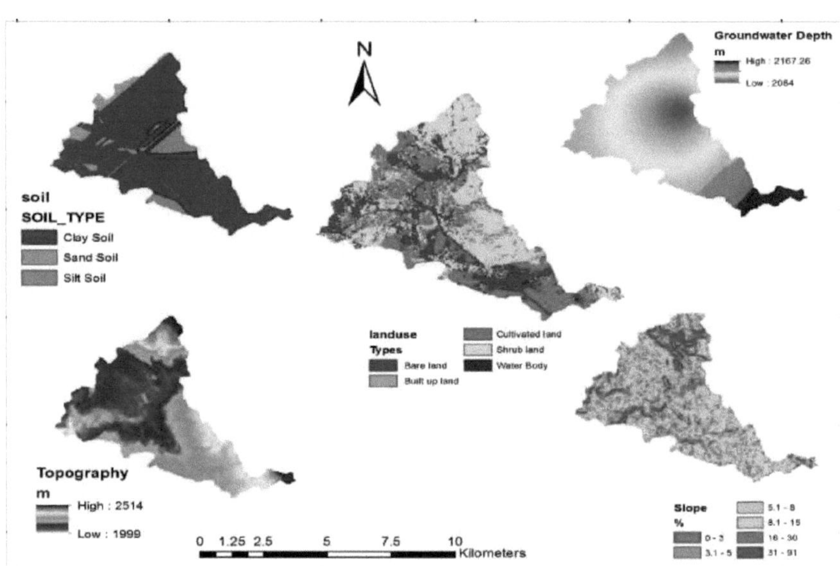

Figura 11: Entradas da grelha de dados físicos para o modelo WetSpass com a extensão da bacia hidrográfica do Birki.

3.4.2. Preparação de tabelas de parâmetros/ Tabelas de consulta

As tabelas de consulta são também importantes para a execução do modelo WetSpass, pelo que foram preparadas quatro tabelas de parâmetros, que são os parâmetros de verão e de inverno relativos à ocupação do solo, à textura do solo e ao coeficiente de escoamento superficial, em formato DBF (ficheiro de base de dados). Basicamente, o guia do utilizador do modelo e algumas outras revisões da literatura foram utilizados para ajustar e desenvolver os valores dos parâmetros às caraterísticas da bacia hidrográfica. Nesta secção, foi utilizado um software de conversão de ficheiros Excel (xls) para ficheiros DBF para preparar as tabelas de consulta e estas tabelas de parâmetros são mencionadas no (Quadro 4).

Quadro 4: Parâmetros de pesquisa para a ocupação do solo no inverno.

NUMBER	*LUSE_TYPE*	*RUNOFF_VEG*	*NUM_VEG_RO*	*NUM_IMP_RO*	*VEG_AREA*	*BARE_AREA*	*IMP_AREA*	*OPENW_AREA*	*ROOT_DEPTH*	*LAI*	*MIN_STOM*	*INTERCPER*	*VEG_HEIGHT*
2	build up land	grass	2.0	2.0	0.50	0.0	0.50	0.00	0.30	2.0	100.0	10.0	0.12
7	bare land	bare soil	4.0	0.0	0.20	0.70	0.100	0.00	0.05	0.0	110.0	1.0	0.0010
21	cultivated land	crop	1.0	0.0	0.20	0.40	0.40	0.00	0.35	2.0	180.0	20.0	0.6
36	shrub land	grass	2.0	0.0	0.20	0.80	0.00	0.00	0.60	0.0	110.0	30.0	2.0
52	water body	open water	5.0	0.0	0.00	0.00	0.00	1.00	0.05	0.0	110.0	0.0	0.0

Descrições da tabela de consulta da ocupação do solo

Num é o número, luse_type é o tipo de utilização do solo, Runoff_veg é o escoamento superficial da vegetação, Num_veg_Ro é a classe de escoamento superficial para o tipo de vegetação, Num_imp_Ro é a classe de escoamento superficial impermeável para os tipos de áreas impermeáveis, Veg_area é a área vegetada, Bare_area é a área nua, Imp_area é a área impermeável, Openw_area é a área de águas abertas, Root_depth é a profundidade da raiz, Lai = índice de área foliar, Min_stom é a abertura mínima dos estomas, Interc_per é a percentagem de interceção e Veg_height é a altura da vegetação.

Quadro 5: Parâmetros de pesquisa para a ocupação do solo no verão.

Num	*Luse_Type*	*Runoff _Veg*	*Num _Veg_Ro*	*Num _Imp _Ro*	*Veg_Area*	*Bare _Area*	*Imp _Area*	*Openw _Area*	*Root _Depth*	*Lai*	*Min -Stom*	*Inter _per*	*Veg_ Height*
52	Water Body	open water	5	0	0.0	0.0	0.0	1	0.05	0.0	110	0	0.00
7	Bare Land	bare soil	4	0	0.2	0.7	0.1	0	0.05	0.1	110	27	0.00
2	Built Up land	grass	2	2	0.6	0.1	0.3	0	0.30	2.0	100	10	0.12
36	Shrub Land	grass	2	0	0.8	0.2	0.0	0	0.60	0.0	110	5	2.00
21	Cultivated Land	crop	1	0	0.9	0.0	0.1	0	0.35	0.0	180	0	0.60

Tabela 6: Parâmetros de pesquisa para a textura do solo

Num	*Soil*	*Field_C apa*	*Wilting_P NT*	*Paw*	*Resid_WC*	*A1*	*Evapo_dep t*	*Tension_H H*	*P_Frac_S u*	*P_Frac_ wi*
6	Silt	0.3	0.10	0.20	0.04	0.35	0.05	0.61	0.09	0.01
12	Clay	0.5	0.33	0.13	0.09	0.21	0.05	0.37	0.95	0.85
1	Sand	0.1	0.05	0.07	0.02	0.51	0.05	0.07	0.09	0.01

Descrições das tabelas de atributos de textura do solo

Num é o número do tipo de solo, Soil é o tipo de solo, Field Capac é a capacidade de campo, Wilting PNT é o ponto de murcha, PAW é o teor de água disponível para a planta, Resid WC é o teor de água residual, Al é o parâmetro de calibração dependente do teor de areia do solo, Evapo depth é a profundidade de evaporação do solo nu, Tension HH é a altura saturada de tensão, P_Frac_Sum é a fração da precipitação de verão que contribui para o escoamento hortoniano, P_Frac_Win é a fração da precipitação de inverno que contribui para o escoamento hortoniano.

3.5. Gestão de dados

Após a recolha de todos os parâmetros de entrada necessários para o modelo WetSpass, criámos uma geodatabase pessoal para organizar e gerir os parâmetros de entrada utilizando o Arc-catalogue no ambiente ArcGIS. Todos os ficheiros de entrada foram preparados em formato de grelha, que são a precipitação, a evapotranspiração potencial, a textura do solo, a ocupação do solo, a velocidade do vento, o gradiente de declive, a topografia, o nível das águas subterrâneas e os atributos em formato de ficheiro de base de dados (DBF), que são a textura do solo, a ocupação do solo (inverno e verão) e o coeficiente de escoamento superficial com o mesmo sistema de projeção (WGS_UTM_Zone_37N), o mesmo tamanho de célula (30*30m) e com colunas (402) e linhas (352) da bacia hidrográfica.

3.6. Análise de dados

Todos os parâmetros de entrada necessários foram analisados através dos métodos de análise de dados GIS, RS e WetSpass. Os procedimentos pormenorizados de análise de dados utilizados neste estudo foram os seguintes

3.6.1. Análise de dados hidro-meteorológicos

Os dados hidrometeorológicos de longo prazo das estações de Atsebi, Senkata, Mekelle e Wukro foram recolhidos da NMA, filial de Mekelle. O MS-Excel foi utilizado para efetuar cálculos matemáticos (média aritmética) destes parâmetros. A precipitação e o PET foram preparados utilizando o método da média da soma e os restantes parâmetros de temperatura e velocidade do vento foram preparados utilizando o método da média para as quatro estações em forma de tabela.

3.6.2. Análise de dados SIG

Os dados hidrometeorológicos das principais estações devem ser preparados em formato de ficheiro de grelha como entrada para o modelo WetSpass. Para o efeito, foi utilizado o método de interpolação Inverse Distance Weight (IDW) para preparar ficheiros de grelha de precipitação, PET, temperatura e velocidade do vento no verão e no inverno em ambiente ArcGIS.

O mapa da textura do solo foi preparado utilizando amostras de solo retiradas do solo e o nível das águas subterrâneas utilizando dados de poços através do método de interpolação. Além disso, o mapa de declives e de topografia foi preparado a partir de dados DEM utilizando a ferramenta de análise espacial com o conjunto de ferramentas de superfície e alterado para o formato de ficheiro de grelha utilizando o método de exportação. Em geral, a ferramenta GIS ajuda-nos a preparar ficheiros de grelha de dados hidrometeorológicos e biofísicos, tanto no verão como no inverno, como entrada para o modelo WetSpass.

3.6.3. Análise de dados RS

A tecnologia de deteção remota é utilizada para recolher dados sobre os recursos terrestres através de contacto indireto, de forma eficaz e a baixo custo. Neste caso, o DEM e o Landsat-8OLI foram descarregados do sítio Web do USGS. Os dados DEM foram utilizados para preparar o declive e a topografia da bacia hidrográfica e os dados Landsat-8OLI foram utilizados para preparar o mapa de ocupação do solo da bacia hidrográfica. Neste caso, o software Erdas Imagine foi implementado para preparar o mapa de ocupação do solo da bacia hidrográfica utilizando o método de classificação supervisionada de imagens com algoritmos de máxima verosimilhança e para efetuar a avaliação da precisão.

3.6.4. Análise de dados WetSpass

Para simular o modelo, este necessita de dezanove dados de entrada nos seus formatos de ficheiro apropriados de grelha e dbf. Depois de os dados físicos (tipo de solo, declive, topografia, ocupação do solo, nível freático) e os dados hidrometeorológicos (precipitação, temperatura, PET, velocidade do vento) terem sido preparados nos formatos de ficheiro apropriados, o modelo WetSpass foi utilizado para analisar e estimar a recarga média anual a longo prazo das águas subterrâneas na bacia hidrográfica de Birki. Para além da estimativa da recarga das águas subterrâneas, também simula as componentes do balanço hídrico do escoamento superficial, da evapotranspiração, da evaporação do solo, da interceção e das perdas por transpiração numa base anual e sazonal.

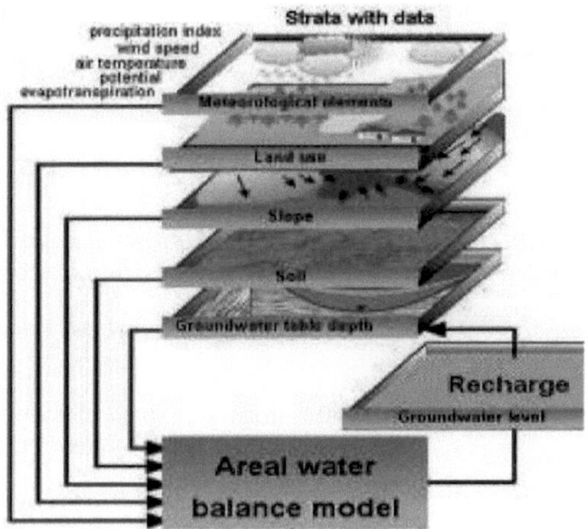

Figura 12: Representação esquemática do processo iterativo no modelo WetSpass (Batelaan & De Smedt, 2007)

3.7. Apresentação de dados

Os resultados básicos do modelo WetSpass foram mapas de grelha do escoamento superficial, evapotranspiração real, recarga de águas subterrâneas, perda por transpiração, perda por interceção, evaporação do solo, tanto numa base sazonal como anual, e os resultados do modelo foram apresentados através de mapas, gráficos, tabelas e relatórios.

3.8. Materiais e software utilizados

Os materiais e os programas informáticos utilizados em todo o trabalho de investigação foram analisados da seguinte forma (Quadro 7)

Tabela 7: Materiais e software utilizados nesta investigação.

No	Software's and Materials	Functions/ used for
1	GPS-Garmin-60	GCP data, outlet and soil sample data collection.
2	ArcGIS software 10.3	Grid data preparation, spatial data analysis, interpolation of point data and interpretation of the simulated Results.
3	Erdas Imagine	Layer stacking, LULC classification and Accuracy assessment.
4	Arc Hydro tools	Dem Hydro-processing, flow direction, flow accumulation, Streams network, Watershed Delineation.
5	Arc View 3.2 and WetSpass Extensions	Running the WetSpass model.
6	Cropwat-8	Evapotranspiration estimation.
7	Google Earth	Ground truth collection and features Identification, and to take GCP for inaccessible areas.
8	XLS to DBF Converter software	To prepare look up parameter tables of Soil texture, Land use land cover, runoff coefficient in DBF format.
9	Ms-Office-2010	Reporting and presentation of results

O quadro geral da metodologia de investigação adoptada para a estimativa da recarga de águas subterrâneas utilizando o modelo WetSpass baseado em SIG para a bacia hidrográfica de Birki foi mencionado como ilustrado na (Figura 13).

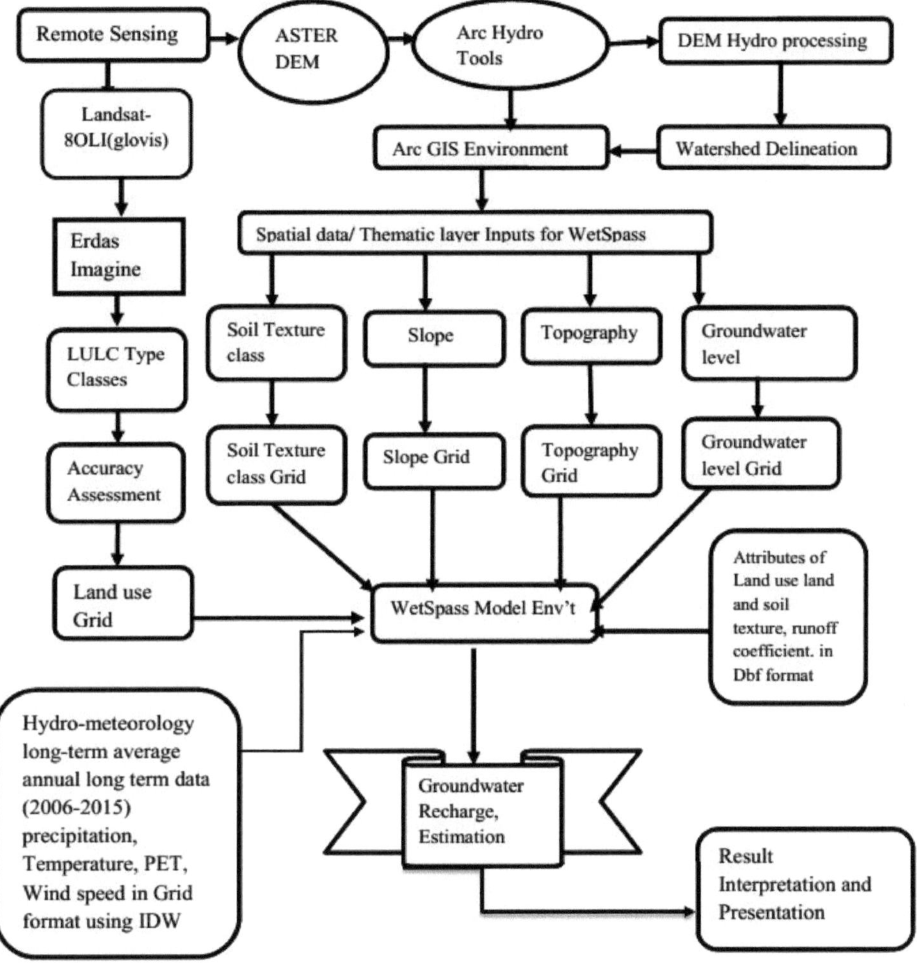

Figura 13: Quadros de metodologia de investigação e diferentes actividades e ferramentas utilizadas para atingir os objectivos da investigação.

Capítulo: 4: Resultados e Discussões

4.1. Resultados

4.1.1. Atributos biofísicos da bacia hidrográfica do Birki

Os factores biofísicos são um dos parâmetros de entrada mais importantes do modelo WetSpass para simular a recarga média anual a longo prazo das águas subterrâneas, o escoamento superficial e a evapotranspiração numa determinada bacia hidrográfica. Nesta investigação, foram preparados cinco factores biofísicos principais, nomeadamente o declive, a topografia, a textura do solo, o nível freático e os tipos de ocupação do solo na bacia hidrográfica de Birki. Como resultado, existem três tipos principais de solos na bacia hidrográfica e 87% da área estava coberta por solos argilosos. Também foram identificados cinco tipos de ocupação do solo (Figura 14) a partir da imagem de satélite landsat-8, utilizando o método de classificação supervisionada de imagens em Erdas Imagine, com uma exatidão global de 82% e um coeficiente kappa de 0,78. As terras arbustivas foram o tipo de ocupação do solo dominante na bacia hidrográfica, com 41,6%, seguidas das terras cultivadas, com 36,4%, como ilustrado na (Figura 15). Geologicamente, a bacia hidrográfica do Birki tem três formações geológicas, ou seja, arenito superior (43,2%), xisto (45,5%) e calcário de xisto (11,3%).

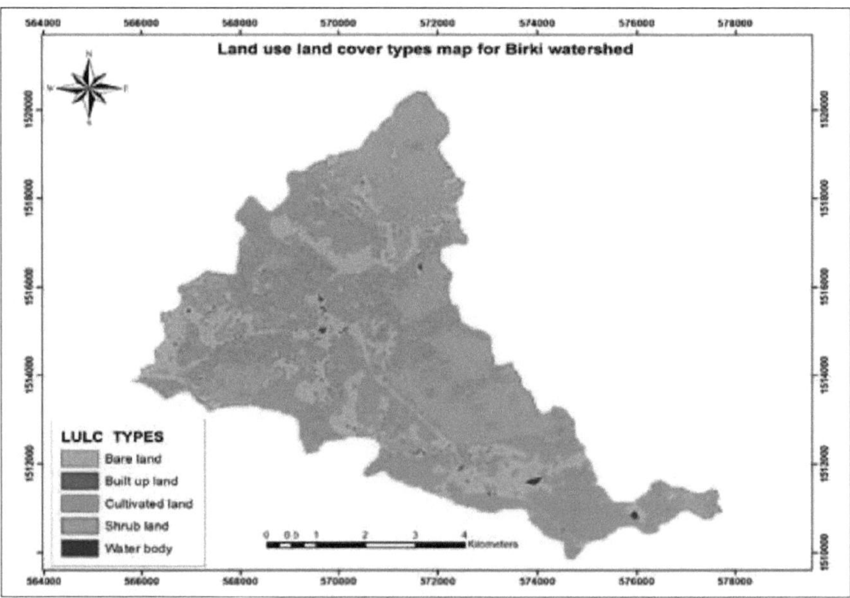

Figura 14: Tipo de ocupação do solo baseado na classificação supervisionada para a bacia hidrográfica de Birki.

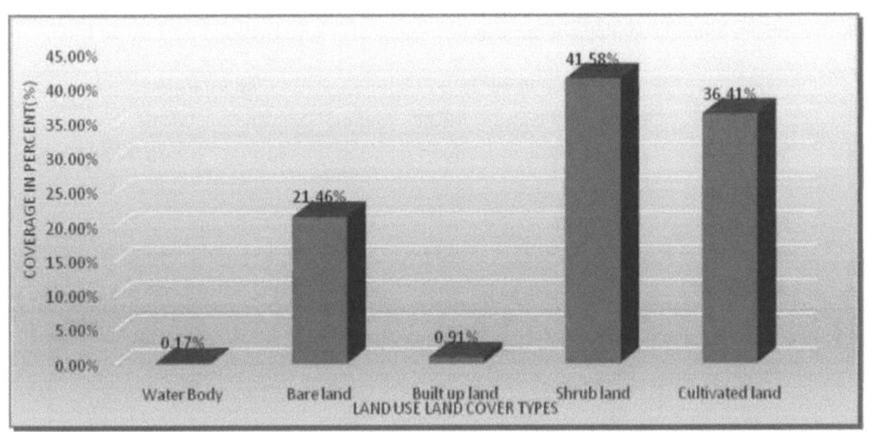

Figura 15: Cobertura da área dos tipos de ocupação do solo na bacia hidrográfica do Birki.

Tabela 8: Relatório de avaliação da exatidão da classificação para a classificação supervisionada de imagens do software Erdas Imagine.

Nome da classe	Totais de referência	Totais classificados	Número Correto	Precisão dos produtores	Precisão dos utilizadores
Terreno construído	20	20	19	95.00%	95.00%
Corpo de água	20	20	19	95.00%	95.00%
Terras cultivadas	24	20	17	70.83%	85.00%
Terra nua	14	20	10	71.43%	50.00%
Terra de arbustos	22	20	17	77.27%	85.00%
Totais	100	100	82		
Exatidão global da classificação = 82,00% e estatística kappa global = 0,78					

4.1.2. Atributos hidrometeorológicos a longo prazo da bacia hidrográfica do Birki

Como os factores biofísicos acima mencionados e também os dados hidrometeorológicos relacionados com a bacia hidrográfica de Birki foram importantes para simular as componentes do balanço hídrico da bacia hidrográfica utilizando o modelo WetSpass. Para o efeito, os dados hidrometeorológicos de dez anos das estações meteorológicas de Mekelle, Atsebi, Wukro e Senkata foram recolhidos da Agência Meteorológica Nacional (NMA) em formato de folha de cálculo. O modelo WetSpass precisa deles em formato de mapa de grelha e estes dados são preparados para o modelo no formato adequado. A precipitação média anual da bacia hidrográfica do Birki é de 573 mm/ano, registando-se valores elevados de precipitação (500,7 mm) na principal estação das chuvas (verão), mas com valores baixos (89,4 mm) na principal estação seca (inverno). A evapotranspiração potencial da bacia hidrográfica mostrou que foram observados valores elevados (428,4 mm) no inverno e valores baixos (230,6 mm) no verão. Também se registam valores elevados de temperatura no verão, mas baixos no inverno, e valores elevados de velocidade do vento no inverno do que no verão, conforme ilustrado no Quadro 9.

Quadro 9: Atributos hidrometeorológicos sazonais de longo prazo para a bacia hidrográfica do Birki.

ID	*Parâmetro*	*Época de verão*			*Época de inverno*			
		Mínimo	Máximo	Média	Mínimo	Máximo	Média	Média anual
1	Precipitação	490.4	500.7	494.2	61.7	89.4	78.9	573.1
2	PET	0	230.6	143.7	0	428.4	266.9	410.6
3	Velocidade do vento	0	0.95	0.59	0	1.04	0.65	1.24
4	Temperatura	18.4	20.5	19.2	16.8	19.2	17.8	18.5

Como resultado, foram identificadas cinco classes de ocupação do solo, como se mostra na (Figura 14), a saber, terras cultivadas, terras arbustivas, massas de água, terras nuas e terras construídas, a classe dominante na bacia hidrográfica foi a das terras arbustivas, o que ajuda a bacia hidrográfica a ter uma elevada taxa de infiltração e evapotranspiração, mas retarda o escoamento superficial. Nesta investigação, foi aplicado o modelo WetSpass com os objectivos de estimar a recarga anual média a longo prazo das águas subterrâneas, a recarga sazonal (verão e inverno), avaliar as componentes do balanço hídrico, cartografar o potencial das águas subterrâneas, cartografar o rendimento seguro e identificar os principais factores de controlo da recarga das águas subterrâneas na bacia hidrográfica do Birki.

4.1.3. Estimativa da recarga de águas subterrâneas utilizando o modelo WetSpass

O modelo WetSpass foi implementado na bacia hidrográfica de Birki para estimar a recarga sazonal e anual das águas subterrâneas a longo prazo, utilizando dados hidrometeorológicos de dez anos (2006-2015) das principais estações circundantes de Atsebi, Senkata, Wukro e Mekelle, com o objetivo principal de estimar a recarga das águas subterrâneas na bacia hidrográfica de Birki. Os resultados da nossa simulação, utilizando estes dados biofísicos e hidrometeorológicos a longo prazo, indicaram que a taxa de recarga das águas subterrâneas varia consoante as estações. A taxa de recarga durante a estação chuvosa principal, de junho a setembro, varia entre 0 e 41,09 mm/ano, com um valor médio de 24,1 mm/ano (Figura 16A), enquanto a recarga durante a estação seca longa varia entre 0 e 1,53 mm/ano, com um valor médio de 0.82 mm/ano (Figura 16B), e a recarga média anual das águas subterrâneas varia entre 0 e 42,6 mm/ano, com um valor médio de 24,9 mm/ano, o que representa 7,4% da precipitação média anual a longo prazo de 573 mm em toda a bacia hidrográfica, como se mostra na (Figura 16C).

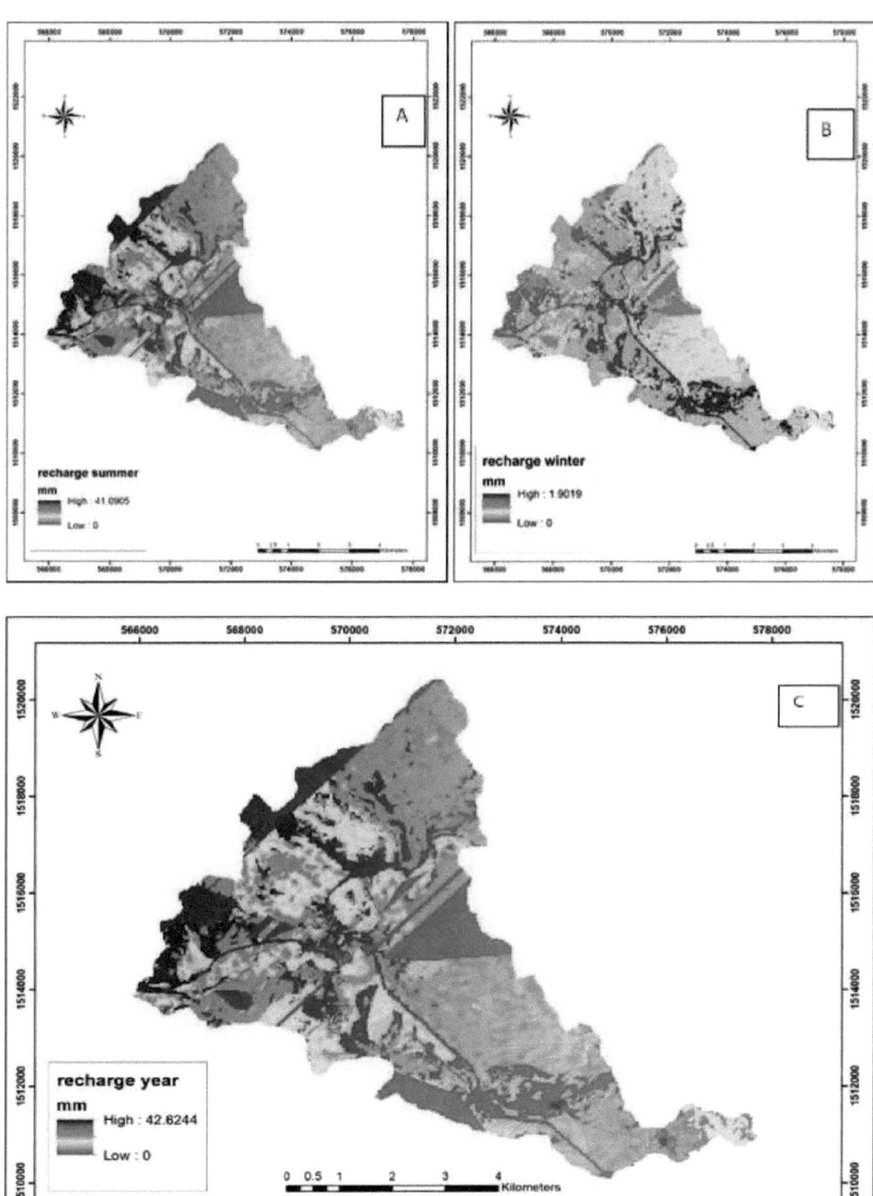

Figura 16: Mostra os mapas de simulação da recarga das águas subterrâneas da bacia hidrográfica do Birki durante o verão (A), o inverno (B) e o ano (C), utilizando as caraterísticas biofísicas e hidrometeorológicas da bacia hidrográfica.

Conforme ilustrado na Figura 16C, a recarga de águas subterrâneas é elevada na parte noroeste da bacia hidrográfica do Birki, mas a recarga de águas subterrâneas mais baixa foi observada nas escarpas do sudeste da bacia hidrográfica. Os solos arenosos têm uma capacidade de recarga de águas subterrâneas mais elevada do que os solos siltosos e argilosos em combinação com as classes de cobertura vegetal arbustiva, mas as massas de água têm a menor recarga de águas subterrâneas na bacia hidrográfica.

4.1.4. Classes de ocupação do solo versus valores de recarga, escoamento superficial e evapotranspiração

A ocupação do solo é um dos principais factores de recarga numa determinada bacia hidrográfica e as classes têm propriedades físicas diferentes. O resultado mostra que as classes de terra arbustiva, terra nua e terra cultivada têm valores de recarga elevados, em contraste com as terras construídas e as massas de água que têm recargas baixas, conforme apresentado no (Quadro 10). As massas de água, as terras construídas e as terras cultivadas têm um escoamento elevado, mas observa-se um escoamento baixo nas terras nuas (Quadro 11). Foram observados valores elevados de perdas por evaporação nas massas de água, o que é lógico, uma vez que a água não é limitante, nos terrenos cultivados, nos terrenos arbustivos, seguidos dos terrenos construídos e dos terrenos nus (Quadro 12).

Quadro 10: Classes de ocupação do solo e valores de recarga (mm) para a bacia hidrográfica de Birki

Land use/cover	*Min_Recharge*	*Max_Recharge*	*Ave_Recharge*	*Sum*	*SD*	*Var*
Built up land	28.8	38.1	34.1	1911.4	2.4	58.8
Bare land	27.9	42.6	35.3	5188.6	4.2	181.7
Cultivated land	7.5	40.5	23.1	5327.7	11.1	1241
Shrub land	15.9	41.9	28.7	6715	7.94	631
Water body	0	0	0	0	0	0

Tabela 11: Classes de ocupação do solo e valores de escoamento superficial (mm) para a bacia hidrográfica do Birki.

Land use/cover	*Min_Runoff*	*Max_Runoff*	*Ave_Runoff*	*Sum*	*SD*	*Var*
Built up land	3.9	7.7	5.9	137.9	1.2	14.5
Bare land	0	2	1.4	15.4	0.5	3.08
Cultivated land	1	30.7	19.7	1894.1	5.8	346.4
Shrub land	0.4	16	11.4	907.5	3.7	140.8
Water body	27.8	40.5	31.4	598.4	3.3	114.3

Tabela 12: Classes de ocupação do solo e valores de evapotranspiração (mm) para a bacia hidrográfica de Birki.

Land use/cover	*Min_ Evapotranspiration*	*Max_ Evapotranspiration*	*Ave_ Evapotranspiration*	*Sum*	*SD*	*Var*
Built up land	12.7	21.4	16.5	895.7	2.3	12.7
Bare land	14	30	21.9	3512.5	4.6	14
Cultivated land	14.7	30.6	22.5	3564.5	4.5	14.7
Shrub land	14.4	30.6	22.2	3499.3	4.6	14.4
Water body	25.9	60.6	50.7	1624.9	8.9	25.9

4.1.5. Classes de textura do solo versus valores de recarga, escoamento superficial e evapotranspiração

Neste trabalho de investigação, foram identificados três tipos principais de solo e utilizados como entrada para o modelo WetSpass para simular as componentes do balanço hídrico na bacia hidrográfica de Birki. Para avaliar a relação entre a textura do solo e a recarga das águas subterrâneas, foi utilizada a função de grelha combinada no ambiente ArcView. Como resultado, registou-se um valor elevado de recarga nos solos arenosos e siltosos, seguido dos solos argilosos (Quadro 13), observou-se um escoamento superficial elevado nos solos argilosos e arenosos, seguido dos solos siltosos (Quadro 14) e também se observou uma evapotranspiração elevada nos solos argilosos e siltosos, seguida dos solos arenosos (Quadro 15).

Tabela 13: Classes de ocupação do solo e valores de recarga (mm) para a bacia hidrográfica de Birki.

Tipo de solo	Recarga mínima	Recarga máxima	Recarga média	Soma	SD	Var
Solo arenoso	0	41.9	36.6	3553	4.7	228.5
Solo siltoso	31	39.7	34.2	2124	2.2	50.0
Solo argiloso	0	42.6	25.0	8809	10.2	1045.1

Tabela 14: Tipo de textura do solo e valores de escoamento superficial (mm) para a bacia hidrográfica de Birki.

Tipo de solo	Mínimo	Máximo Escoamento	Ave_ Escoamento	Soma	SD	Var
Solo arenoso	0.4	40.5	4.0	100.2	7.8	613.3
Solo siltoso	0.4	4	1.3	19.3	1.1	12.9
Solo argiloso	0	39.2	17.4	3442.8	7.1	506.0

Tabela 15: Tipo de textura do solo e valores de evapotranspiração (mm) para a bacia hidrográfica de Birki.

Tipo de solo	Min_Evapotranspiração	Evapotranspiração máxima	Ave_Evapotranspiração	Soma	SD	Var
Solo arenoso	13.3	26	19.0	1983.1	3.2	103.2
Solo siltoso	16	25.3	21.9	1426.8	2.1	48.2
Solo argiloso	12.7	60.6	26.4	5346.4	12.0	1454.4

4.1.6. Potencial de recarga das águas subterrâneas da bacia hidrográfica do Birki

A compreensão do potencial de água subterrânea de uma determinada bacia hidrográfica é importante para a utilização sensata e a gestão adequada dos recursos hídricos e para o desenvolvimento de programas de recursos hídricos, tais como a conceção de poços de esterco e nascentes. Com base na recarga anual de água subterrânea simulada pelo modelo WetSpass, a bacia hidrográfica de Birki tem três níveis (alto, médio e baixo) de potencial de recarga de água subterrânea. Este potencial de recarga de águas subterrâneas foi desenvolvido com base no método de classificação de interrupções naturais no ambiente ArcGIS.

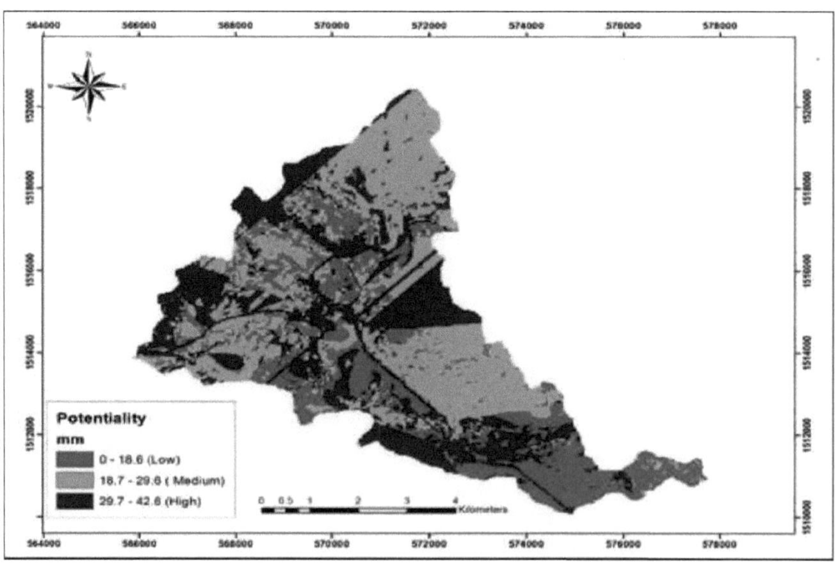

Figura 17: Mapa de potencialidade de recarga de águas subterrâneas para a bacia hidrográfica de Birki.

Existe um elevado potencial de recarga de águas subterrâneas no noroeste da bacia hidrográfica com 33% da área total de cobertura da bacia hidrográfica e um potencial de recarga médio foi encontrado nas partes central e nordeste (Figura 17). Por outras palavras, o sudeste, bem como algumas partes do centro, têm um baixo potencial de água subterrânea. A cobertura detalhada da área do potencial de recarga foi representada na (Figura 18). Os resultados da prospeção de águas subterrâneas estão associados ao mapa de quantidade de descarga da bacia hidrográfica, que é preparado utilizando os dados de rendimento dos poços circundantes e existe uma relação entre o potencial de recarga e a taxa de descarga.

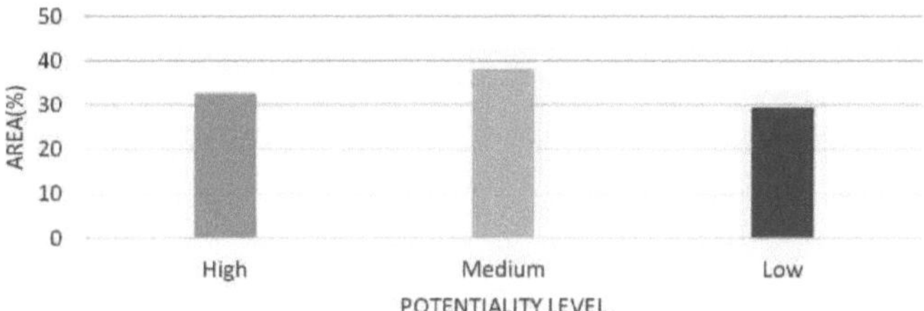

Figura 18: Distribuição da área de cobertura do potencial de recarga de águas subterrâneas em percentagem.

4.1.7. Factores de controlo da recarga das águas subterrâneas na bacia hidrográfica do Birki.

A precipitação é a principal força motriz da recarga das águas subterrâneas numa bacia hidrográfica. Um dos objectivos desta investigação foi avaliar e identificar os principais factores de controlo da recarga das águas subterrâneas na bacia hidrográfica de Birki. Para o efeito, foi aplicado o método de regressão linear simples para estabelecer uma correlação/relação entre os parâmetros e os valores de recarga na bacia hidrográfica. Os principais parâmetros são apresentados abaixo na (Tabela 16), com valores elevados de R^2 são os principais factores de controlo. Como resultado, os principais factores de controlo da recarga das águas subterrâneas na bacia hidrográfica de Birki foram o declive, a precipitação, a evapotranspiração potencial, a velocidade do vento, a topografia e a temperatura, seguidos da textura do solo, dos tipos de ocupação do solo e do nível das águas subterrâneas, respetivamente.

Tabela 16: Factores de controlo da recarga das águas subterrâneas e respectiyos valores de R^2 em relação à taxa de recarga

ID	*Fator de controlo*	*Observações*	*Equeação*	*R^2*
1	Temperatura	30	y = 29,407x-511,44	0.8157
2	Velocidade do vento	30	y = 68,748x- 17,811	0.8952
3	Evapotranspiração potencial	30	y = 0,109x- 17,811	0.8952
4	Precipitação	30	y = 4,107x- 2327,2	0.8952
5	Textura do solo	30	y = 1,305x+ 11,251	0.2103
6	Tipos de LULC	30	y = 0,7495x +6,6113	0.7543
7	Nível das águas subterrâneas	30	y = 0,8108x- 1683,5	0.7815
8	Topografia	30	y = 0,0713x- 130,08	0.8893
9	declive	30	y = 0,8223x+ 12,503	0.9293

4.1.8. Componentes do balanço hídrico estimadas pelo modelo WetSpass.

Os modelos hidrológicos são métodos importantes para compreender as componentes do balanço hídrico de uma determinada área para diferentes fins, tais como estudos de modelação da recarga de águas subterrâneas. Em linha com a simulação da recarga de águas subterrâneas, o modelo WetSpass tem a capacidade de simular outras componentes do balanço hídrico de uma determinada bacia hidrográfica. Neste caso, o escoamento superficial, a evapotranspiração, a perda por interceção, a evaporação do solo e as perdas por transpiração foram simulados numa base anual e sazonal utilizando o modelo WetSpass para a bacia hidrográfica de Birki. Como resultado, foram observados valores elevados de perdas por escoamento superficial, interceção e transpiração no verão, mas valores baixos no inverno. E foram observados valores elevados de evapotranspiração no verão do que no inverno, conforme ilustrado na (Tabela 17), o que está relacionado com a elevada precipitação durante esta estação em comparação com a estação seca.

Tabela 17: Componentes do balanço hídrico simuladas pelo modelo WetSpass para a bacia hidrográfica de Birki.

Não	*Parâmetro*	*Mínimo*	*Máximo*	*Média*	*SD*
1	Escoamento superficial inverno (mm/ano)	0	4.5	0.4	0.4
2	Escoamento superficial no verão (mm/ano)	0	40.5	10.9	8.0
3	Ano de escoamento superficial (mm/ano)	0	40.6	11.3	8.3
4	Evapotranspiração inverno (mm/ano)	3.1	39.4	6.7	1.2
5	Evapotranspiração verão (mm/ano)	8.2	22.9	14.4	3.3
6	Evapotranspiração ano (mm/ano)	12.8	60.8	21.1	3.9
7	Interceção inverno (mm/ano)	0	0.53	0.3	0.17
8	verão de interceção (mm/ano)	0	16.5	11.1	2.7
9	Ano de interceção (mm/ano)	0	17	11.5	2.8
10	Evaporação do solo no inverno (mm/ano)	0	7.1	4.9	1.5
11	Evaporação do solo no verão (mm/ano)	0	12.5	0.6	1.2
12	Evaporação do solo ano (mm/ano)	0	12.5	5.6	2
13	Transpiração inverno (mm/ano)	0	3.6	0.24	0.4
14	Transpiração verão (mm/ano)	0	6.8	0.5	1.1
15	Transpiração ano (mm/ano)	0	6.8	0.7	1.1

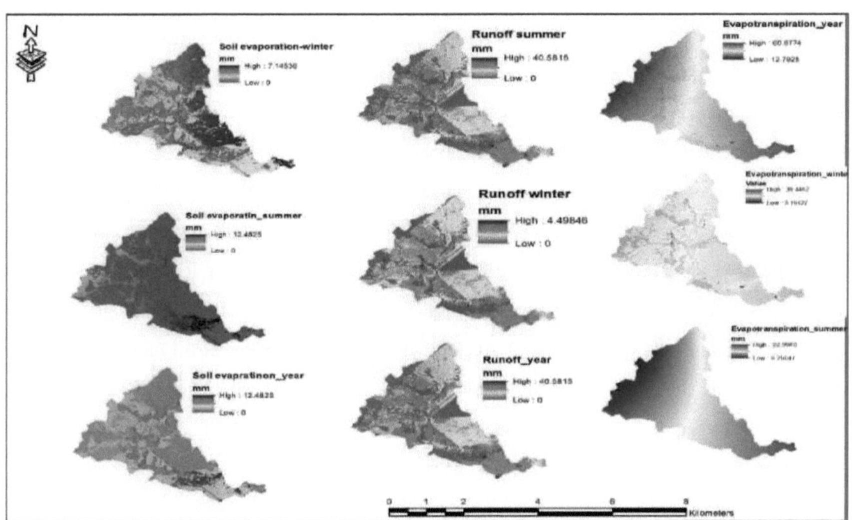

Figura 19: Evaporação do solo, escoamento superficial e evapotranspiração médios anuais e sazonais a longo prazo

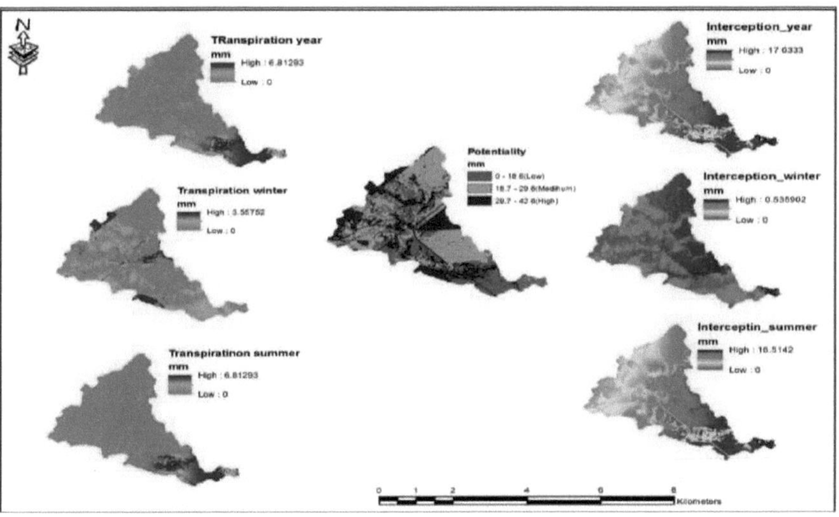

Figura 20: Mapa de interceção, transpiração e potencialidade das águas subterrâneas a longo prazo, sazonal e anual.

4.1.9. Rendimento seguro das águas subterrâneas da bacia hidrográfica de Birki

A água subterrânea utilizada para apoiar o crescimento das culturas através da irrigação pode ser avaliada através de um mapa de rendimento seguro, que indica a quantidade de água subterrânea que pode ser extraída de forma sustentável sem esgotar os recursos hídricos subterrâneos. O rendimento seguro é normalmente expresso como uma percentagem da recarga de água subterrânea. Vários autores sugeriram diferentes percentagens, desde os menos conservadores 100% até aos razoavelmente conservadores 10% (Gebreyohannes et al., 2013b). O rendimento sustentável deve ser consideravelmente menor do que a recarga de água subterrânea para sustentar tanto a quantidade como a qualidade dos cursos de água, nascentes, zonas húmidas e ecossistemas dependentes de água subterrânea (Sophocleous, 2000). Assim, neste estudo, uma estimativa razoavelmente conservadora do rendimento sustentável de 25% da taxa de recarga de água subterrânea foi adoptada a partir da seguinte fórmula *i. e.* ($SY = 6.85x10^{-3}$ R) (Gebreyohannes et al., 2013b).Onde SY é a taxa de abstração de água subterrânea de rendimento seguro expressa em (m^3 /d/ha) e R é a recarga total anual de água subterrânea expressa em (mm). O mapa de rendimento seguro resultante da bacia hidrográfica do Birki é apresentado na (Figura 21). O valor varia de 0 a 0,29 m^3 /d/ha, com valor médio de 0,17 m^3 /d/ha. Anualmente, 0,17 m^3 /d/ha de água subterrânea pode ser extraída com segurança da bacia hidrográfica. Os valores mais elevados de produção segura de água subterrânea foram observados nas partes noroeste da bacia hidrográfica, mas os valores mais baixos também foram encontrados nas partes sudeste da bacia hidrográfica (processamento próprio).

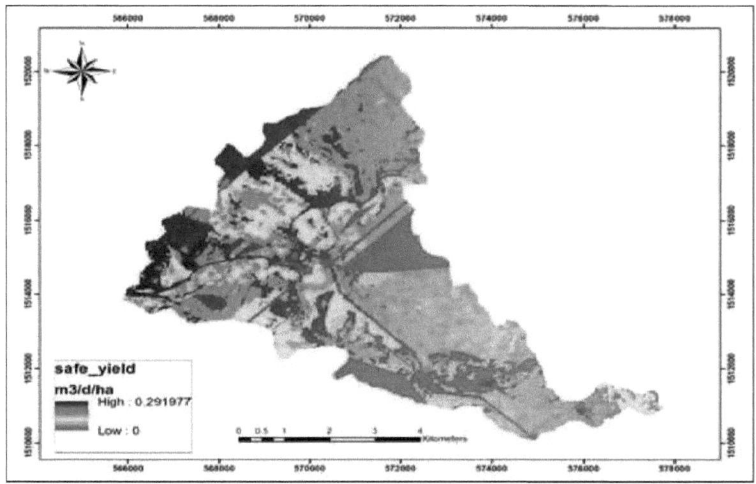

Figura 21: Mapa do rendimento seguro das águas subterrâneas da bacia hidrográfica de Birki.

4.2. Discussões

Este estudo tem como objetivo estimar a taxa média sazonal e anual de recarga de águas subterrâneas a longo prazo, mapear o potencial de recarga de águas subterrâneas, identificar os factores de controlo da recarga de águas subterrâneas e avaliar as componentes do balanço hídrico estimadas pelo modelo WetSpass para a bacia hidrográfica de Birki, localizada no norte da Etiópia. Os resultados mostraram que a recarga média anual das águas subterrâneas na bacia hidrográfica de Birki foi de 24,9 mm/ano. A precipitação média anual total da bacia hidrográfica (573 mm) contribui com 7,4% para a recarga das águas subterrâneas, 7,1% para o escoamento superficial e 85,5% para a evapotranspiração. Cerca de 96,5% da recarga das águas subterrâneas na bacia hidrográfica ocorreu na estação do verão, ou seja, na principal estação das chuvas, e 3,5% na estação do inverno (estação seca) devido às variações da precipitação, da temperatura, da evapotranspiração potencial e da humidade do solo. Além disso, a duração, intensidade e quantidade da distribuição da precipitação, a humidade do solo e a evapotranspiração são elevadas no verão, o que acelera a recarga das águas subterrâneas.

A recarga das águas subterrâneas e a evapotranspiração são mais elevadas do que o escoamento superficial na bacia hidrográfica, uma vez que esta é uma bacia hidrográfica de tipo conservado e tem uma elevada cobertura arbustiva, o que facilita a taxa de infiltração do solo e a evapotranspiração, reduzindo o escoamento superficial na bacia hidrográfica. Estudos recentes mostraram que o modelo WetSpass foi implementado em diferentes regiões por diferentes autores e as suas conclusões mostraram que os seus resultados de simulação eram aceitáveis, estes resultados de simulação foram declarados da seguinte forma, conforme citado por (Zarei et al., 2016).

Abu-Saleem et al., (2010) avaliam as componentes do balanço hídrico utilizando o modelo WetSpass para a bacia de Hasa na Jordânia. De acordo com os seus resultados, a recarga média anual das águas subterrâneas e o escoamento superficial foram de 0,98 e 23,64 mm/ano, respetivamente. Por outras palavras, cerca de 0,64% e 15,4% da precipitação anual são convertidos em recarga de águas subterrâneas e escoamento superficial, respetivamente, e a maior parte da precipitação (83,96%) é perdida como evapotranspiração.

No norte da Etiópia, Arefaine et al., (2012) simularam as componentes do balanço hídrico, incluindo a recarga das águas subterrâneas, a evapotranspiração e o escoamento superficial, utilizando o modelo WetSpass. Os resultados mostram que a recarga média anual das águas subterrâneas, a evapotranspiração e o escoamento superficial foram de 66, 440 e 40 mm, respetivamente. Por conseguinte, 12% da precipitação torna-se recarga, ao passo que a evapotranspiração e o escoamento superficial são 81% e 7% da precipitação, respetivamente. Em comparação com os nossos resultados de simulação, os valores do escoamento superficial e da evapotranspiração têm alguma semelhança com o valor da recarga, o que pode dever-se a diferentes factores biofísicos na zona.

Al-Kuisi e El-Naqa (2013) estimaram a recarga das águas subterrâneas na bacia de Jafr (uma região árida) utilizando o modelo WetSpass. Verificaram que a precipitação média anual temporal e espacial a longo prazo de 53,5 mm contribuiu para 2,61 mm (4,9%) de escoamento superficial, 50,6 mm (94,6%) de evapotranspiração e apenas 0,27 mm (0,5%) é utilizado para recarregar as águas subterrâneas, o que é muito baixo em comparação com 7,4% da precipitação anual de 573 mm no norte da Etiópia.

Aish (2014) também simulou a recarga das águas subterrâneas utilizando o modelo WetSpass na Faixa de Gaza para estimar as componentes do balanço hídrico. Os resultados do seu estudo mostraram que 77% da precipitação (353 mm) se perde por evapotranspiração, 11% se transforma em escoamento superficial e 12% da precipitação recarrega o sistema de águas subterrâneas, o que é mais elevado do que os nossos resultados, o que pode ser resultado da natureza arenosa dos solos na bacia hidrográfica em comparação com os solos argilosos na área de estudo.

Tilahun e Merkel (2009) estimaram a recarga de águas subterrâneas utilizando o modelo WetSpass na área de Dire- Dawa. Os resultados do estudo mostraram que 75% da precipitação (626 mm) é perdida através da evapotranspiração, enquanto 20% se transforma em escoamento superficial e 5% da precipitação é recarregada. Esta conclusão tem semelhanças com os valores simulados de recarga e evapotranspiração, mas está longe do valor do escoamento superficial simulado na nossa área de estudo, que é de 7,1% de 573 mm. Este resultado foi observado devido às caraterísticas biofísicas das bacias hidrográficas e ao facto de se tratar de um tipo de bacia hidrográfica tratada.

Gebreyohannes et al., (2013) utilizando o modelo WetSpass na bacia hidrográfica de Geba para estimar as componentes do balanço hídrico. Os resultados do estudo mostram que 76% da precipitação (700 mm) se perde através da evapotranspiração, 18% transforma-se em escoamento superficial e 6% da precipitação é recarregada, o que está relacionado com os resultados da recarga e da evapotranspiração, mas há uma diferença no escoamento estimado na nossa área de estudo, porque a bacia hidrográfica é pequena e é do tipo conservado, o que leva a que a bacia hidrográfica tenha valores de escoamento pequenos.

Gebremeskel e kebede (2017) utilizaram o modelo WetSpass na bacia hidrográfica de Werii para estimar as componentes do balanço hídrico. Os resultados do estudo mostram que 90,7% da precipitação é perdida através da evapotranspiração, 6% torna-se escoamento superficial e 4,2% da precipitação é recarregada para o sistema de águas subterrâneas a partir da precipitação média anual de 717 mm, que é semelhante em valores simulados de escoamento e evapotranspiração dentro da nossa área de estudo, mas há diferença na recarga de águas subterrâneas devido às caraterísticas biofísicas da bacia hidrográfica e à distribuição diferente da precipitação na bacia hidrográfica, que é superior à nossa área de estudo, ou seja, 573 mm.

De acordo com os resultados acima, o modelo WetSpass simula os componentes do balanço hídrico na bacia hidrográfica de Birki, que é de 7,4% como recarga para as águas subterrâneas, 7,1% de escoamento superficial e 85.Esta diferença pode ser observada devido à variação das componentes hidrometeorológicas, das formações geológicas, da variabilidade climática, das propriedades físicas dos solos, da área da bacia hidrográfica, dos dados de entrada e da sua resolução espacial e das práticas de conservação numa determinada bacia hidrográfica, como é o caso da bacia hidrográfica do Birki, que é uma bacia hidrográfica altamente conservada, o que faz com que o escoamento superficial seja tão pequeno. O potencial de recarga das águas subterrâneas foi mais elevado na parte noroeste da bacia hidrográfica, com caraterísticas de declive plano, solo arenoso e dominado por classes de terreno arbustivo, sendo baixo o potencial de recarga das águas subterrâneas na parte sudeste, que tem um tipo de solo argiloso, declive montanhoso e coberto por terra nua. A recarga das águas subterrâneas pode ser controlada por diferentes factores biofísicos e hidrometeorológicos numa determinada bacia hidrográfica. Nesta investigação, alguns dos principais factores de controlo são avaliados com base numa relação linear simples estabelecida entre as variáveis de entrada e os valores de recarga estimados com o modelo, o que resultou em que o declive, a topografia, a velocidade do vento, a precipitação, a evapotranspiração potencial foram os principais factores de condução, seguidos da temperatura, da textura do solo, do tipo de ocupação do solo e do nível das águas subterrâneas.

O modelo WetSpass simula as componentes do balanço hídrico das perdas por interceção, transpiração e evaporação do solo em função da recarga das águas subterrâneas, do escoamento superficial e da evapotranspiração numa determinada bacia hidrográfica. Consequentemente, a interceção, a transpiração e a evaporação do solo são elevadas no verão, devido à elevada cobertura vegetal e ao período de crescimento ativo, à distribuição da precipitação, à temperatura elevada e ao estado de humidade do solo no verão, em comparação com o inverno. Consequentemente, as partes nordeste da bacia hidrográfica apresentam valores elevados de evaporação do solo e valores elevados de interceção e transpiração nas partes sudeste. A compreensão das áreas de potencial de água subterrânea de uma determinada bacia hidrográfica é importante para a conceção e o desenvolvimento de poços de esterco manual como fontes de água potável para diferentes actividades domésticas e agrícolas, com base no mapa de recarga de água subterrânea da bacia hidrográfica, o mapa de potencial foi criado utilizando o método de classificação de rutura natural em três níveis, valores de recarga elevados, médios e baixos. Como resultado, existe um elevado potencial de água subterrânea na parte noroeste, mas um baixo potencial de recarga na escarpa sudeste da bacia hidrográfica.

Capítulo: 5: Conclusões e Recomendações

5.1. Conclusões

[st]O recurso hídrico, que é um recurso natural vital, multifuncional e limitado, existente no planeta, é a espinha dorsal dos seres humanos e é utilizado para diferentes actividades de desenvolvimento. Devido à sua escassez, a procura de água doce está a aumentar à medida que a urbanização e a industrialização aumentam, pelo que, para maximizar a sua utilização, o planeamento, a gestão e a utilização sensata são cruciais no século XXI. O desenvolvimento e a aplicação de SIG e de técnicas de deteção remota tornam a avaliação e a modelação dos recursos hídricos fáceis e eficazes para esse efeito.

O modelo WetSpass, que é um modelo de simulação da recarga das águas subterrâneas, baseia-se em propriedades biofísicas e hidrometeorológicas e é importante estimar a recarga média anual das águas subterrâneas a longo prazo, numa base sazonal e anual, para uma utilização sensata, uma gestão adequada e um planeamento futuro dos recursos hídricos, para compreender as componentes do balanço hídrico de uma determinada bacia hidrográfica e para compreender o potencial de recarga das águas subterrâneas de uma determinada bacia hidrográfica para actividades de desenvolvimento dos recursos hídricos, tais como poços de esterco e nascentes.

O modelo WetSpass utiliza dezanove parâmetros de entrada para funcionar eficazmente, quinze destes parâmetros foram baseados em grelhas e distribuídos espacialmente e os restantes quatro parâmetros estavam em formatos de ficheiro DBF (look up tables).

A recarga anual e sazonal a longo prazo das águas subterrâneas na bacia hidrográfica do Birki é de 42,6 mm/ano, no verão (41,09 mm) e no inverno (0,82 mm), tendo cerca de 96,5% da recarga ocorrido no verão e os restantes 3,5% no inverno. Estas diferenças na taxa de recarga são atribuídas a diferenças na quantidade de precipitação que conduzem a diferenças nas propriedades biofísicas da bacia hidrográfica, e a precipitação média anual (573 mm) contribui para 7,4% da recarga das águas subterrâneas, 7,1% do escoamento superficial e os restantes 85,5% são perdidos como evapotranspiração na bacia hidrográfica do Birki.

Existe uma elevada taxa de recarga de águas subterrâneas e evapotranspiração com baixo escoamento superficial na bacia hidrográfica, devido ao facto de a bacia hidrográfica ser do tipo conservado com elevada cobertura de terras arbustivas, o que facilita a taxa de infiltração e evapotranspiração, mas diminui a produção de escoamento superficial. Existe um elevado potencial de recarga de águas subterrâneas nas partes noroeste da bacia hidrográfica e um baixo potencial de recarga de águas subterrâneas nas escarpas do sudeste da bacia hidrográfica.

Anualmente, 1,1205 milhões de m^3 de água recarregam para as águas subterrâneas a partir da precipitação total anual na bacia hidrográfica de Birki. A taxa de recarga das águas subterrâneas na bacia hidrográfica é afetada pelos principais factores de controlo da bacia hidrográfica: declive, precipitação, temperatura, declive, evapotranspiração potencial, topografia, ocupação do solo, textura do solo e nível das águas subterrâneas.

O rendimento seguro das águas subterrâneas varia entre 0 e 0,29 m^3 /d/ha, as partes noroeste têm valores mais elevados de rendimento seguro das águas subterrâneas do que as outras partes da bacia hidrográfica e os valores mais baixos encontram-se na parte sudeste e anualmente, em média 0,17 m^3 /d/ha as águas subterrâneas podem ser extraídas com segurança sem diminuir os recursos hídricos subterrâneos.

5.2. Recomendações

A partir desta investigação, foram feitas as seguintes recomendações;

- A tecnologia SIG e RS desempenha um papel importante na recolha, armazenamento, manipulação, análise e apresentação de dados espaciais e temporais de uma forma eficiente e eficaz, num curto espaço de tempo e a baixo custo, e é utilizada como entrada para estudos de modelação e cartografia da recarga de águas subterrâneas.

- Os modelos hidrológicos baseados em SIG são métodos importantes para explorar e mapear o potencial e a distribuição dos recursos hídricos subterrâneos para a gestão e utilização sensata dos recursos de forma sustentável.

- O modelo WetSpass necessita de dados de entrada hidrometeorológicos e biofísicos intensivos para simular as componentes do balanço hídrico, como a evapotranspiração, o escoamento superficial e a recarga das águas subterrâneas de uma determinada bacia hidrográfica, pelo que necessita de dados de entrada precisos e atempados para efetuar uma simulação eficaz.

- Este resultado foi utilizado como informação de base pelos decisores políticos e especialistas em recursos hídricos para uma investigação mais aprofundada sobre a modelação da recarga das águas subterrâneas e o planeamento futuro na bacia hidrográfica.

- A falta de dados hidrometeorológicos é o principal problema na execução de modelos hidrológicos, pelo que o sistema de tratamento de dados hidrometeorológicos deve ser melhorado a nível nacional.

- A sensibilização da comunidade para a gestão integrada das bacias hidrográficas é importante para a utilização sustentável dos recursos hídricos.

- A validação dos resultados do modelo é importante para verificar a qualidade do modelo; isto deve ser considerado na modelação das águas subterrâneas utilizando modelos hidrológicos.

A bacia hidrográfica é do tipo conservado, o que melhora a recarga das águas subterrâneas e reduz o escoamento superficial, pelo que a comunidade deve manter esse mecanismo de conservação para minimizar a erosão do solo e aumentar a taxa de recarga das águas subterrâneas na bacia hidrográfica.

Referências

Abu-Saleem, a., Al-Zu'bi, Y., Rimawi, O., Al-Zu'bi, J., & Alouran, N. (2010). Estimativa dos componentes do balanço hídrico na bacia de Hasa com o modelo WetSpass baseado em SIG. *Journal of Agronomy, 9(3),* 119-125. https://doi.org/10.3923/ja.2010.119.125

Æ, H. Y. Æ. C. L., & Chang, K. H. Æ. P. (2009). SIG para a avaliação da zona potencial de recarga de águas subterrâneas, 185-195. https://doi.org/10.1007/s00254-008-1504-9

Aish, A., Batelaan, O., & De Smedt, F. (2010). Estimativa de recarga distribuída para modelação de águas subterrâneas utilizando Wetspass. *The Arabian Journalfor Science and Engineering,* 35(1), 155-163.

Aish, A. M. (2010). Estimativa da recarga distribuída para a modelação de águas subterrâneas utilizando o wetspass, 35(1), 155-163.

Allison G.b, Gee gw, Tyler sw (1994) vadose-zone techniques for estimating groundwater recharge in arid and semiarid regions. Soil scisoc amj 58:6-14.

Al Kuisi, M., & El-Naqa, A. (2013). Estimativa da recarga espacial de águas subterrâneas baseada em GIS na bacia de jafr, Jordânia - aplicação de modelos de passagem de água para regiões áridas. *Revista Mexicana de Ciências Geológicas, 30(1),* 96-109.

Alemayehu, T. (2006). Ocorrência de águas subterrâneas na Etiópia. *Universidade de Addis Abeba,* (setembro), 107. Obtido em http://www.eah.org.et/docs/Ethiopian groundwater- Tamiru.pdf

Allocca, V., De Vita, P., Manna, F., & Nimmo, J. R. (2015). Avaliação da recarga de águas subterrâneas à escala local e episódica num aquífero cársico empoleirado no sul de Itália. *Journal ofHydrology, 529(93),* 843-853. https://doi.org/10.1016/jjhydrol.2015.08.032

Arefaine, T., Nedaw, D., & Gebreyohannes, T. (2012). Recarga de água subterrânea, evapotranspiração e estimativa de escoamento superficial usando o método de modelagem WetSpass na bacia hidrográfica de Illala, norte da Etiópia. *Momona Ethiopian Journal of Science (MEJS), 4(2),* 96-110.

Arefayne Shishaye, H., & Abdi, S. (2015). Exploração de águas subterrâneas para locais de poços de água usando métodos de pesquisa geofísica. *Journal of Waste Water Treatment & Analysis,* 7(1), 1-7.https://doi.org/10.4172/2157-7587.1000226

Armanuos, A. M., & Negm, A. (2016). Avaliação das variações dos parâmetros locais do modelo Wetspass: Estudo de Caso Aquífero do Delta do Nilo. *Procedia Engineering, 154,* 276-283. https://doi.Org/10.1016/j.proeng.2016.07.475

Balakrishnan, P., Saleem, A., & Mallikarjun, N. D. (2011). Mapeamento da qualidade das águas subterrâneas utilizando o sistema de informação geográfica (SIG): Um estudo de caso da cidade de Gulbarga, Karnataka, Índia. *African Journal of Environmental Science and Technology,* 5(12), 1069-1084. https://doi.org/10.5897/AJESTll.134

Ball, J.E. e Luk, K.C. (1998). Modelação da variabilidade espacial da precipitação numa bacia hidrográfica. Journal ofhydrologic engineering, 3, 122-130.

Batelaan, O., & De Smedt, F. (2007). Estimativa de recarga com base em SIG através do acoplamento de balanços hídricos de superfície-subsuperfície. *Journal of Hydrology, 337(3-4),* 337-355.

https://doi.Org/10.1016/j.jhydrol.2007.02.001

Batelaan, O., & DeSmedt, F. (2001). WetSpass: uma metodologia flexível, baseada em SIG, de recarga distribuída para modelação regional de águas subterrâneas. *Impact of Human Activity on GroundwaterDynamics, 269(269),* 11-17.

Bonta Jv, Muller m (1999) evaluation of the glugla method for estimating evapotranspiration and groundwater recharge. Hydro science j 44(5):743-761. Doi:10.1080/02626669909492271

Carmon, N., Shamir, u., e meiron-pistiner, s. (1997). Planeamento urbano sensível à água: proteger as águas subterrâneas. Journal of environmental planning and management, 40, 413- 434.

Collin, M.l. e Mellou, a.j. (2001). Factores combinados de utilização do solo e ambientais para uma gestão sustentável das águas subterrâneas (estudo de caso). Urban water, 3, 253-261.

Dar, I. A., Sankar, K., & Dar, M. A. (2010). Tecnologia de deteção remota e modelação de sistemas de informação geográfica: An integrated approach towards the mapping of groundwater potential zones in Hardrock terrain , Mamundiyar basin. Journal of Hydrology, 394(3-4), 285-295. https://doi.Org/10.1016/j.jhydrol.2010.08.022.

Dar, I. A., Sankar, K., & Dar, M. A. (2010). Tecnologia de deteção remota e modelação de sistemas de informação geográfica: uma abordagem integrada para o mapeamento de zonas potenciais de águas subterrâneas em terreno Hardrock, bacia de Mamundiyar. *Journal of Hydrology, 394(3-4),* 285-295.https://doi.org/10.1016/j.jhydrol.2010.08.022

Esri, (1992). Instituto de investigação de sistemas ambientais. Understanding gis: the arc/info way, environmental systems research institute, and red lands, ca.

Fenta, A. A., Kifle, A., Gebreyohannes, T., & Hailu, G. (2014). Análise espacial do potencial de água subterrânea usando sensoriamento remoto e avaliação multicritério baseada em GIS no Vale Raya, norte da Etiópia. *Hydrogeology Journal, 23(1),* 195-206. https://doi.org/10.1007/sl0040- 014-1198-x

Finch, J.W. (2001). Estimating change in direct groundwater recharge using a spatially distributed soil water balance model. Quarterly journal of engineering geology and hydrogeology, 34, 71-83.

Freeze, R.A. e banner, j. (1970). The mechanism of natural groundwater recharge and discharge; 2. Laboratory column experiments and field measurements, water resources research, 6, 138-155.

Foster, S. S. D., & Chilton, P. J. (2003). Groundwater: the processes and global significance of aquifer degradation. *Philosophical Transactions of the Royal Society of London. Series B, BiologicalSciences,* 355(1440), 1957-1972. https://doi.org/10.1098/rstb.2003.1380

Gebremeskel, G., & Kebede, A. (2017). Estimativa espacial dos recursos hídricos subterrâneos sazonais e anuais de longo prazo: aplicação do modelo WetSpass na bacia hidrográfica de Werii da bacia do rio Tekeze, Etiópia. *Physical Geography,* 364d(March), 0. https://doi.org/10.1080/02723646.2017.1302791

Gebreyohannes, T., De Smedt, F., Walraevens, K., Gebresilassie, S., Hussien, A., Hagos, M., ...

Gebrehiwot, K. (2013a). Aplicação de um modelo de balanço hídrico distribuído espacialmente para avaliar os recursos hídricos superficiais e subterrâneos na bacia de Geba, Tigray, Etiópia. *Journal ofHydrology,* 2013), 110-123.

https://doi.Org/10.1016/j.jhydrol.2013.06.026

Gebreyohannes, T., De Smedt, F., Walraevens, K., Gebresilassie, S., Hussien, A., Hagos, M., ... Gebrehiwot, K. (2013b). Aplicação de um modelo de balanço hídrico distribuído espacialmente para avaliar os recursos hídricos superficiais e subterrâneos na bacia de Geba, Tigray, Etiópia. *JournalofHydrology, ^PP*(May), 110-123. https://doi.Org/10.1016/j.jhydrol.2013.06.026

Habib, E., krajewski, w.f., e kruger, a. (2001). Erros de amostragem de medições de pluviómetros de balde basculante. Journal ofhydrologic engineering, 6, 159-166.

Hadush, Z. (2015). Técnicas geoespaciais para mapeamento do potencial de água subterrânea no norte da Etiópia, o caso da bacia hidrográfica de Suluh Zelalem Hadush, Dissertação de Mestrado.

Karimi, P., & Bastiaanssen, W. G. M. (2015). Dados espaciais de evapotranspiração, precipitação e uso da terra na contabilidade da água - Parte 1: Revisão da precisão, 507-532. https://doi.org/10.5194/hess-19-507-2015

Kinzelbach, W., Aeschbach, W., Alberich, C., Goni, I. B., Beyerle, U., Brunner, P., ... Zoellmann, K. (2002). A Survey of Methods for Analysing Groundwater Recharge in Arid and Semi-arid Regions. Early Warning and Assessment Report Series, https://doi.org/92- 80702131-3

Melesse, A. M., Abtew, W., & Setegn, S. G. (2013). Bacia do Rio Nilo: Desafios eco-hidrológicos, alterações climáticas e hidropolítica. *Bacia do Rio Nilo: Ecohydrological Challenges, Climate Change and Hydropolitics,* (janeiro), 1-718. https://doi.org/10.1007/978-3-319-02720-3

Larcher, W. (1983). Ecologia fisiológica das plantas. Springer-verlag, Berlim.

Le maître, D.C., scott, d.f., e colvin, c. (1999). Uma revisão da informação sobre as interações entre a vegetação e as águas subterrâneas. Water south africa, 25, 137-152.

Lerner D.n, issar as, simmers i. (1990). Groundwater recharge, a guide to understanding and estimating natural recharge (Recarga de águas subterrâneas, um guia para compreender e estimar a recarga natural). International association of hydro geologists, kenil worth, rep 8, pp 345

Lerner, D.n. (2002). Identificação e quantificação da recarga urbana: uma revisão. Hydrogeology journal, 10, 143-152.

Nma (Agência Nacional de Meteorologia da Etiópia). (2001) initial national communication of ethiopia to the united nations framework convention on climate change (unfccc) nma, addis ababa, ethiopia.

Oikonomidis, D., Dimogianni, S., Kazakis, N., & Voudouris, K. (2015). Uma metodologia baseada em GIS / Sensoriamento Remoto para avaliação da potencialidade das águas subterrâneas na área de Timavos, Grécia. *Journal of Hydrology,* 525(May 2016), 197-208. https://doi.Org/10.1016/j.jhydrol.2015.03.056

Organização, T., Heights, L., Wales, N. S., Autoridade, W., & Springs, A. (1989). Alice - Springs I ! 1, *109,* 237-266.

Pandian, M., Uab, R., & Saravanavel, J. (2014). ISSN 2348 - 2710 Artigo original Identificação de zonas de recarga de potencial de água subterrânea usando o modelo WETSPASS em partes dos distritos de Coimbatore e Tiruppur em Tamil Nadu, Índia, 2 (1), 27-32.

Ramamoorthy, P., & Rammohan, V. (2015). Avaliação da zona potencial de água subterrânea usando sensoriamento remoto e GIS na bacia hidrográfica de Varahanadhi, Tamilnadu, Índia, 3 (V), 695-702.

Richards, L.A. (1931). Condução capilar de líquidos em meios porosos. Physics, 1,318.

Rushton, K.R. (1988). Modelos numéricos e conceptuais para a estimativa da recarga em zonas áridas e semi-áridas. In: simmers, i. (ed.) Estimation of natural groundwater recharge.natoasi series c, vol. 222 (proceedings of the nato advanced research workshop, antalya, turkey, march 1987), d. Reidel publication company, dordrecht, pp. 223-238.

Rwanga, S. S. (2013). Uma revisão sobre a estimativa de recarga de água subterrânea usando o modelo Wetspass, 156-160.

Saxena, P. R., Saxena, M. R., Remote, N., Agency, S., & Sensing, R. (2000). Sensoriamento Remoto, GIS, Geologia, Geofísica, Geomorfologia, Gestão, (1993).

Schuh, W.M., meyer, r.f, sweeney, m.d., e gardner, j.c. (1993). Variação espacial da drenagem da zona radicular e da zona de dose rasa num till glacial argiloso num clima sub-húmido. Journal of hydrology, 148, 27-60.

Schulze, E.D., caldwell, m.m., canadell, j.,mooney, h.a., jackson, r.b., parson,d., scholes, r., sala,o.e., and trimbom, p. (1998). Fluxo descendente de água através das raízes (i.e. Inverse hydraulic lift) em areias secas do Kalahari. Oecologia, 115, 460-462.

Selker J.S., parlange, j.-y., e steenhuis, t. (1992). Escoamento com dedos em duas dimensões, 2, previsão do perfil de humidade dos dedos.water resources research, 28, 2523-2528.

Sililo, O.T.N. e tellam, j.h. (2000). Fingering in unsaturated zone flow: a qualitative review with laboratory experiments on heterogeneous systems. Groundwater, 38, 864-871.

Singh, V.P. (1997). Effect of spatial and temporal variability in rainfall and watershed characteristics on stream flow hydrograph (Efeito da variabilidade espacial e temporal da precipitação e das caraterísticas da bacia hidrográfica no hidrograma do caudal do rio). Hydrological processes, 11, 1649-1669.

Shanableh, A., & Merabtene, T. (2015). Geomática para mapeamento de zonas potenciais de águas subterrâneas na parte norte dos emiratis árabes unidos - cidade de sharjah, xl (maio), 11-15. Https://doi.org/10.5194/isprsarchives-XL-7-W3-581-2015

Shiklomanov, I. a. (1998). World Water Rssources- A new Appraisal and Assessment for the 21st century. *Relatório,* 40.

Shanableh, A., & Merabtene, T. (2015). Geomática para mapeamento de zonas potenciais de águas subterrâneas na parte norte dos Emirados Árabes Unidos - cidade de Sharjah, AL (maio), 11-15. https://doi.org/ 10.5194/isprsarchives-XL-7-W3-581-2015

Shiklomanov, I. a. (1998). World Water Rssources- A new Appraisal and Assessment for the 21st century. *Relatório,* 40.

Singh, A. (2014). Gestão dos recursos hídricos subterrâneos através das aplicações de modelação de simulação: A review. *Science of the Total Environment, 499,* 414-423. https://doi.org/ 10.1016/j.scitotenv.2014.05.048

Sykes, J. F. (2006a). O Impacto das Alterações Climáticas nas Águas Subterrâneas 28.1. *Recursos Hídricos,* 142.

Sykes, J. F. (2006b). O Impacto das Alterações Climáticas nas Águas Subterrâneas 28.1, 1-42.

Tilahun, K., & Merkel, B. J. (2009). Estimativa da recarga de águas subterrâneas utilizando um modelo de balanço hídrico distribuído baseado em SIG em Dire Dawa, Etiópia. *Hydrogeology Journal, 17(6),* 1443-1457.https://doi.org/10.1007/sl0040-009-0455-x.

Tim, U. S. (2003). Application of GIS Technology in Watershed-based Management and DecisionMaking, 7(5), 1-6.

Banco Mundial. (2006). Etiópia: Gerir os Recursos Hídricos para Maximizar o Crescimento Sustentável. *Hydrology and Earth System Sciences Discussions,* 4(36000), 119. https://doi.org/10.5194/hessd-4-4265-2007

Yeh, H., Cheng, Y., Lin, H., & Lee, C. (2016). Mapeamento da zona potencial de recarga de águas subterrâneas usando uma abordagem GIS no rio Hualian, Taiwan. *Sustainable Environment Research, 26(1),* 33-43. https://doi.Org/10.1016/j.serj.2015.09.005

Walker, G.R., zhang, 1., ellis, t.w., hatton, t.j., e petheram, c. (2002). Estimating impacts of changed land use on recharge: review of modelling and other approaches appropriate for management of dry land salinity. Hydrogeologyjoumal, 10, 68-90.

Winter, T.C. (1983). A interação de lagos com meios porosos variavelmente saturados. Water resourcesresearch, 19, 1203-1218.

Zarei, M., Ghazavi, R., Vli, A., & Abdollahi, K. (2016). Estimando a recarga de águas subterrâneas, a evapotranspiração e o escoamento superficial usando dados de uso da terra: Um estudo de caso no Nordeste do Irão, *8(2),* 196-202.

Zomlot, Z., Verbeiren, B., Huysmans, M., & Batelaan, O. (2015a). Journal of Hydrology: Regional Studies Spatial distribution of groundwater recharge and base flow: Avaliação dos factores de controlo, *4,* 349-368.

Zomlot, Z., Verbeiren, B., Huysmans, M., & Batelaan, O. (2015b). Distribuição espacial da recarga de águas subterrâneas e do caudal de base: Avaliação dos factores de controlo. *Journal of Hydrology: RegionalStudies, 4,* 349-368. https://doi.Org/10.1016/j.ejrh.2015.07.005.

Apêndices

Figuras do apêndice l: Dados hidrometeorológicos a longo prazo das principais estações

Quadros de apêndice l: Dados hidrometeorológicos a longo prazo da estação meteorológica principal de Atsebi (2006-2015)

Parameter	Jan	Feb	Mar	Apr	May	Jun	Jul	Aug	Sep	Oct	Nov	Dec
Rainfall(mm)	1.16	1.01	17.26	22.38	24.90	35.59	113.13	142.83	49.95	9.74	10.51	0.66
Average _T-Max(°C)	18.90	20.30	20.30	20.80	21.60	22.70	20.50	20.10	20.40	18.50	17.90	23.00
Average_T-Min(°C)	6.90	7.60	9.10	10.50	11.60	12.20	11.40	11.10	10.10	8.10	7.30	6.30
wind speed(m/s)	2.00	2.10	2.20	2.40	2.50	2.40	2.00	1.90	1.90	2.40	2.20	2.10
Relative humidity (%)	62.00	55.00	55.00	49.00	53.00	47.00	58.00	67.00	56.00	61.00	68.00	65.00
Sunshine hours	9.20	9.80	8.30	8.90	8.60	6.50	4.10	4.90	6.80	8.80	9.00	9.30
Eto(mm/month)	106.1	113.8	130.8	142.8	147.3	139.3	112.8	108.3	119.8	119.8	97.9	112.1
Radiation(MJ/m2/day)	19.8	22.3	21.6	23.2	22.6	19.2	15.6	16.9	19.4	21.2	19.8	19.4

Quadros de apêndice 2: Dados hidrometeorológicos a longo prazo da principal estação meteorológica de Senkata (2000-2015)

Parameter	Jan	Feb	Mar	Apr	May	Jun	Jul	Aug	Sep	Oct	Nov	Dec
Rainfall(mm)	0.77	4.24	37.25	41.17	28.82	49.89	177.71	155.52	19.01	7.75	13.95	5.35
Average_T-Max(°C)	23.78	25.55	25.43	25.43	25.84	25.56	22.11	21.93	23.97	23.27	22.97	23.04
Average_T-Min(°C)	8.64	9.81	11.36	12.35	13.41	13.68	12.04	11.57	11.36	10.25	9.19	8.70
wind speed(m/s)	1.73	2.03	2.12	2.38	2.34	2.02	1.28	1.27	1.77	2.37	2.08	1.68
Relative humidity (%)	44.56	41.21	44.05	48.85	41.24	44.15	76.23	78.32	50.49	46.57	49.88	44.07
Sunshine hours	10.07	10.18	9.41	9.45	8.88	7.30	4.81	5.58	7.96	9.17	9.94	10.23
Eto(mm/month)	125.22	135.35	159.09	159.37	170.83	148.48	103.69	105.18	134.97	145.76	124.48	122.97
Radiation(MJ/m2/day)	20.80	22.80	23.40	24.00	23.20	20.20	16.70	17.80	21.10	21.60	21.00	20.50

Quadros de apêndice 3: Dados hidrometeorológicos a longo prazo da estação principal de observação de Mekelle (2004-2015)

Parameter	Jan	Feb	Mar	Apr	May	Jun	Jul	Aug	Sep	Oct	Nov	Dec
Rainfall(mm)	1.16	1.01	17.26	22.38	24.90	35.59	113.13	142.83	49.95	9.74	10.51	0.66
Average _T-Max(°C)	18.90	20.30	20.30	20.80	21.60	22.70	20.50	20.10	20.40	18.50	17.90	23.00
Average-Min(°C)	6.90	7.60	9.10	10.50	11.60	12.20	11.40	11.10	10.10	8.10	7.30	6.30
wind speed(m/s)	2.00	2.10	2.20	2.40	2.50	2.40	2.00	1.90	1.90	2.40	2.20	2.10
Relative humidity (%)	62.00	55.00	55.00	49.00	53.00	47.00	58.00	67.00	56.00	61.00	68.00	65.00
Sunshine hours	9.20	9.80	8.30	8.90	8.60	6.50	4.10	4.90	6.80	8.80	9.00	9.30
Eto (mm/month)	106.1	113.8	130.8	142.8	147.3	139.3	112.8	108.3	119.8	119.8	97.9	112.1
Radiation(MJ/m2/day)	19.8	22.3	21.6	23.2	22.6	19.2	15.6	16.9	19.4	21.2	19.8	19.4

Anexo figuras 2: Ilustração da recolha de dados no terreno (janeiro de 2017).

Anexo figuras 2.2.Fotografias tiradas durante a recolha de amostras de solo e a classificação da textura do solo utilizando o método de teste de toque manual na bacia hidrográfica de Birki (janeiro de 2017).

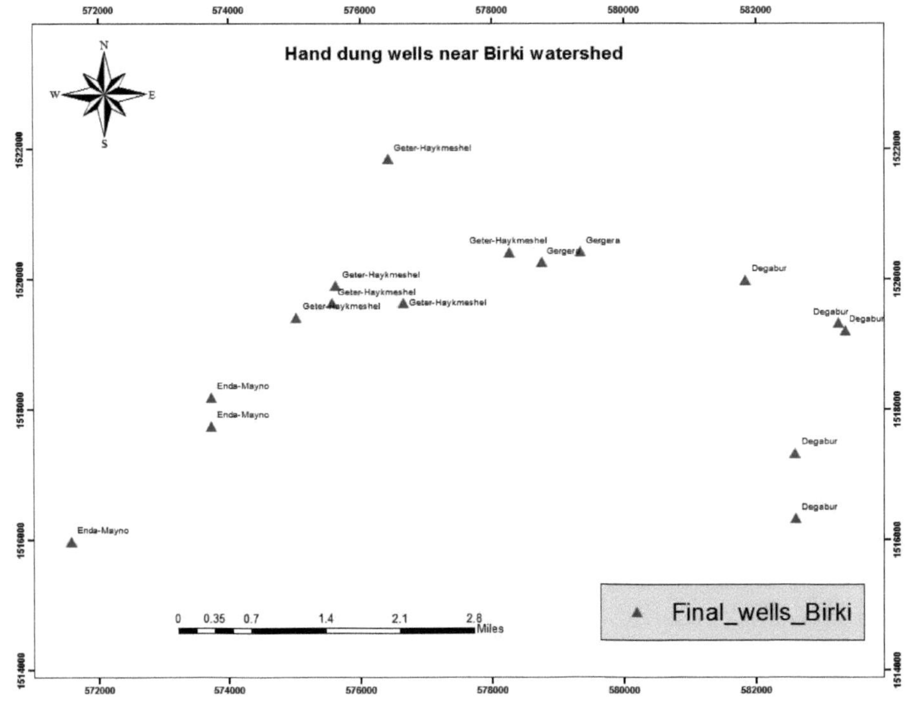

Figuras do apêndice: 2.3. Poços de água subterrânea em torno da bacia hidrográfica de Birki

Figuras do Apêndice 3: Taxa de descarga, nível de água estático e profundidade das águas subterrâneas dos poços em torno da bacia hidrográfica de Birki e ficheiros de código de saída do modelo WetSpass.

Quadros do apêndice 4: Nível de água estático, dados de rendimento e nível de água subterrânea dos poços em torno da bacia hidrográfica de Birki.

No	Site name	Latitude	Longitude	Altitude	Well depth(M)	Discharge rate(l/s)	Static Water Level(M)	GW_Depth(M)
1	Mkdah-Gebgeb	13.71	39.66	2103	42.00	3.50	19.00	2084.0
2	Chign-Tabya	13.73	39.68	2089	48.00	0.25	16.50	2072.5
3	Guho	13.75	39.71	2128	7.60	0.25	3.50	2124.5
4	Nushtey-Sewhi	13.74	39.69	2129	8.50	0.00	4.00	2125.0
5	Meda-Rahya	13.74	39.77	2323	25.00	0.00	10.00	2313.0
6	Medhanit	13.75	39.73	2182	36.00	0.25	12.00	2170.0
7	L/dedmet	13.72	39.76	2418	13.50	0.30	10.00	2408.0
8	Endaba-Tatiyos	13.75	39.70	2118	45.00	0.23	11.00	2107.0
9	School	13.73	39.68	2112	50.00	3.00	17.50	2094.5
10	Debela	13.75	39.76	2331	64.40	0.25	42.00	2289.0
11	Dedemit	13.72	39.76	2265	50.20	0.20	19.00	2246.0
12	Rahya	13.74	39.77	2320	25.00	0.26	10.00	2310.0
13	Adi-Awlie	13.77	39.71	2238	48.00	0.27	17.00	2221.0
14	Daba-Gereb	13.75	39.72	2150	42.00	0.30	13.00	2137.0

Winter	Summer	Year	Explanation
• **Ro**winter	• **Ro**summer	• **Ro**year	winter, summer and yearly **Runoff**
• **Et**winter	• **Et**summer	• **Et**year	winter, summer and yearly **Evapotranspiration**
• **In**winter	• **In**summer	• **In**year	winter, summer and yearly **Interception**
• **Tr**winter	• **Tr**summer	• **Tr**year	winter, summer and yearly **Transpiration**
• **Se**winter	• **Se**summer	• **Se**year	winter, summer and yearly **Soil evaporation**
• **Re**winter	• **Re**summer	• **Re**year	winter, summer and yearly **Recharge**
• **Er**winter	• **Er**summer	• **Er**year	winter, summer and yearly **Error** in water

Figuras do apêndice 3.1. Ficheiros da grelha de saída do modelo WetSpass.

Figuras do Apêndice 4: Distribuição global da água e classificação das bacias hidrográficas.

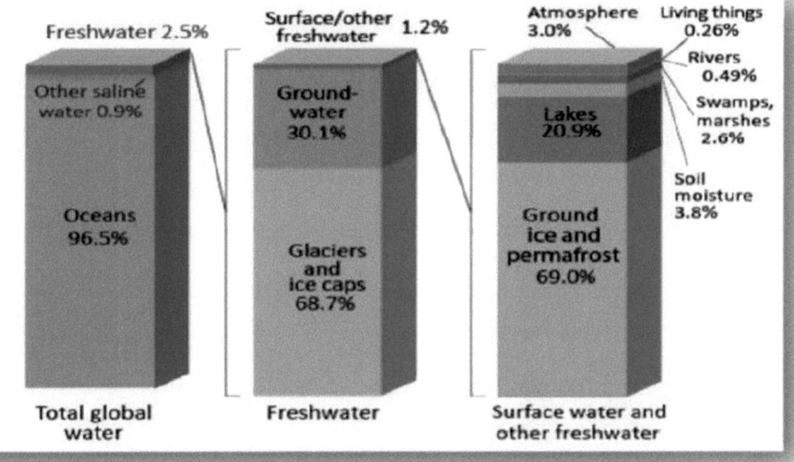

Figuras de apêndice 4.1. Distribuição global dos recursos hídricos em água doce e salgada

Não	Categoria	Cobertura da área
1	Região	1,5-12 lakhs km2
2	Bacias	0,3- 3,0 lakhs km2
3	Captação	0,1- 0,5 lakhs km2
4	Sub-bacia hidrográfica	2000 - 10000 km2
5	Bacia hidrográfica	500 - 2000 km2
6	Sub-bacia hidrográfica	50 - 500 km2

7	Mini-bacia hidrográfica	10 - 50 km2
8	Microbacia hidrográfica	5-10 km2

Figuras de apêndice 4.2: Demarcação e classificação de bacias hidrográficas com base na área de cobertura: Dr. Y. V. N. Krishna Murthy, Remote Sensing & GIS Applications in Watershed Management.

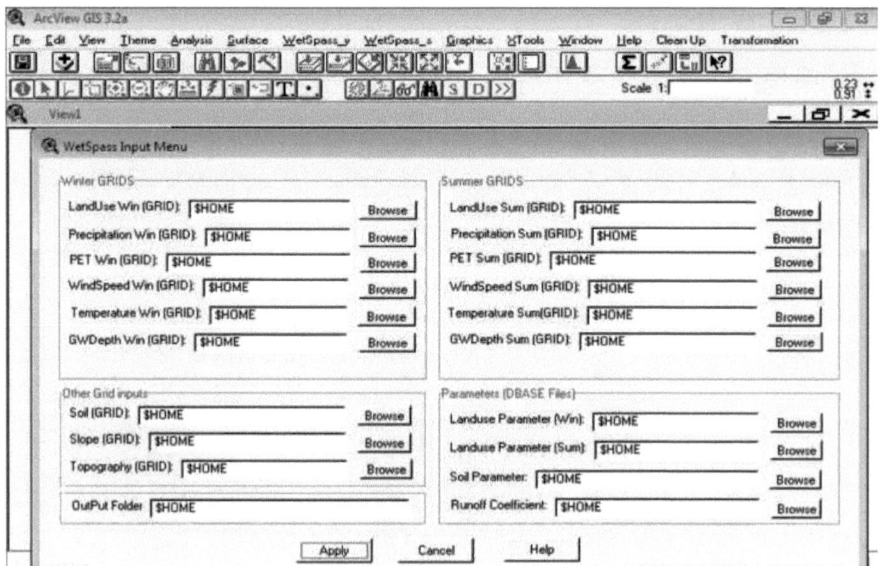

Anexo figuras 5: Interface gráfica do utilizador e parâmetros de entrada para o modelo WetSpass no ArcView GIS 3.2.

Tabelas do apêndice 5: Parâmetros e respectivos valores de R^2 para a bacia hidrográfica de Birki

Não	*parâmetro*	*R^2 valor*	*Classificação*
1	Temperatura	0.81	3
2	Velocidade do vento	0.89	2
3	PET	0.89	2
4	Precipitação	0.89	2
5	Declive	0.92	1
6	Solo	0.21	5
7	LULC	0.75	4
8	Topografia	0.88	3
9	Nível das águas subterrâneas	0.78	4

Apêndice: 6: Tabela de consulta dos parâmetros do solo WetSpass.

No	Soil	Field_ Capac	Wilting _Point	PAW	Residual _WC	A1	Evapo_ Depth	Tension_ HT	P_Frac _Sum	P_Fra c_Win
1	Sand	0.12	0.05	0.07	0.02	0.51	0.05	0.07	0.09	0.01
2	Loamy sand	0.15	0.07	0.08	0.035	0.47	0.05	0.09	0.09	0.01
3	Sandy loam	0.21	0.09	0.12	0.041	0.44	0.05	0.15	0.09	0.01
4	Silty loam	0.29	0.1	0.19	0.015	0.4	0.05	0.21	0.26	0.07
5	Loam	0.25	0.12	0.13	0.027	0.37	0.05	0.11	0.15	0.02
6	Silt	0.3	0.1	0.2	0.04	0.35	0.05	0.61	0.09	0.01
7	Sandy clay	0.26	0.16	0.1	0.068	0.32	0.05	0.28	0.54	0.3
8	Silty clay	0.36	0.19	0.17	0.04	0.29	0.05	0.33	0.62	0.41
9	Clay loam	0.33	0.19	0.14	0.075	0.27	0.05	0.26	0.62	0.41
10	Sandy clay	0.32	0.23	0.09	0.109	0.25	0.05	0.29	0.8	0.68
11	Silty clay	0.43	0.27	0.16	0.056	0.23	0.05	0.34	0.84	0.75
12	Clay	0.46	0.33	0.13	0.09	0.21	0.05	0.37	0.95	0.85

Apêndice: 7: Tabela de consulta dos parâmetros de ocupação do solo do WetSpass winter land use.

No	Luse_Type	Runoff_ Veg	Num_V eg_RO	Num_Im p_RO	Veg_ Area	Bare_ Area	Imp_ Area	OpenW _Area	Root_ Depth	LA I	MIN_ Stom	Inter_ Per	Veg_ Height
1	city center build up	grass	2	1	0.2	0	0.8	0	0.3	2	100	10	0.12
2	build up	grass	2	2	0.5	0	0.5	0	0.3	2	100	10	0.12
10	open build up	grass	2	3	0.6	0.1	0.3	0	0.3	2	100	10	0.12
4	infrastructure	grass	2	4	0.6	0.1	0.3	0	0.3	2	100	10	0.12
201	highway	grass	2	5	0.6	0.1	0.3	0	0.3	2	100	10	0.12
202	district road	grass	2	6	0.6	0.1	0.3	0	0.3	2	100	10	0.12
5	sea harbour	grass	2	7	0.6	0.1	0.3	0	0.3	2	100	10	0.12
6	airport	grass	2	8	0.2	0	0.8	0	0.3	2	100	10	0.12
3	industry	grass	2	9	0.4	0	0.6	0	0.3	2	100	10	0.12
7	excavation	bare soil	4	0	0	1	0	0	0.05	0	110	0	0.001
21	agriculture	crop	1	0	0	1	0	0	0.35	0	180	0	0.6
27	maize and tuberous p	crop	1	0	0	1	0	0	0.4	0	180	0	1.5
23	meadow	grass	2	0	1	0	0	0	0.3	2	100	10	0.2
28	wet meadow	grass	2	0	1	0	0	0	0.3	2	100	10	0.3
29	orchard	forest	3	0	0.2	0.8	0	0	0.8	0	200	10	3
31	deciduous forest	forest	3	0	0.2	0.8	0	0	2	0	250	10	18
32	coniferous forest	forest	3	0	0.9	0.1	0	0	2	4.5	500	45	15
33	mixed forest	forest	3	0	0.5	0.5	0	0	2	4.5	500	38	15
36	shrub	grass	2	0	0.2	0.8	0	0	0.6	0	110	5	2
35	heather	grass	2	0	0.2	0.8	0	0	0.2	4	110	15	0.75
54	sea	open	5	0	0	0	0	1	0.05	0	110	0	0

		water											
53	estuary	open water	5	0	0	0	0	1	0.05	0	110	0	0
44	mud flat/salt marsh	open water	5	0	0.4	0.2	0	0.4	0.3	2	110	10	0.5
37	beach/dune	bare soil	4	0	0.3	0.7	0	0	0.5	2	110	15	1
51	navigable river	open water	5	0	0	0	0	1	0.05	0	110	0	0
55	unnavigable river	open water	5	0	0	0	0	1	0.05	0	110	0	0
52	lake	open water	5	0	0	0	0	1	0.05	0	110	0	0
301	spruce	forest	3	0	0.9	0.1	0	0	2	11	320	55	13
302	pine	forest	3	0	0.9	0.1	0	0	2	4.5	550	40	15
303	beech	forest	3	0	0.2	0.8	0	0	2	0	320	10	20
304	birch	forest	3	0	0.2	0.8	0	0	2	0	320	10	16
305	oak	forest	3	0	0.2	0.8	0	0	2	0	150	10	17
306	poplar	forest	3	0	0.2	0.8	0	0	2	0	250	10	18
307	reference grass	grass	2	0	1	0	0	0	0.3	2	140	10	0.12

Fonte: Adotado do manual do utilizador do WetSpass.

Apêndice: 8: Tabela de consulta dos parâmetros de ocupação do solo do WetSpass no verão.

No	Luse_Type	Runoff_Veg	Num_Veg_RO	Num_Imp_RO	Veg_Area	Bare_Area	Imp_Area	OpenW_Area	Root_Depth	LAI	MIN_Stom	Inter_Per	Veg_Height
1	city center build up	grass	2	1	0.2	0	0.8	0	0.3	2	100	10	0.12
2	build up	grass	2	2	0.5	0	0.5	0	0.3	2	100	10	0.12
10	open build up	grass	2	3	0.6	0.1	0.3	0	0.3	2	100	10	0.12
4	infrastructure	grass	2	4	0.6	0.1	0.3	0	0.3	2	100	10	0.12
201	highway	grass	2	5	0.6	0.1	0.3	0	0.3	2	100	10	0.12
202	district road	grass	2	6	0.6	0.1	0.3	0	0.3	2	100	10	0.12
5	sea harbour	grass	2	7	0.6	0.1	0.3	0	0.3	2	100	10	0.12
6	airport	grass	2	8	0.2	0	0.8	0	0.3	2	100	10	0.12
3	industry	grass	2	9	0.4	0	0.6	0	0.3	2	100	10	0.12
7	excavation	bare soil	4	0	0	1	0	0	0.05	0	110	0	0.001
21	agriculture	crop	1	0	0.8	0.2	0	0	0.4	4	180	15	0.6
27	maize and tuberous p	crop	1	0	0.8	0.2	0	0	0.3	4	180	15	1.5
23	meadow	grass	2	0	1	0	0	0	0.3	2	100	10	0.2
28	wet meadow	grass	2	0	1	0	0	0	0.3	2	100	10	0.3
29	orchard	forest	3	0	0.8	0.2	0	0	0.8	6	150	25	3
31	deciduous forest	forest	3	0	1	0	0	0	2	5	250	25	18
32	coniferous forest	forest	3	0	1	0	0	0	2	6	500	45	15

33	mixed forest	forest	3	0	1	0	0	0	2	5	375	35	16
36	shrub	grass	2	0	1	0	0	0	0.6	6	110	15	2
35	heather	grass	2	0	1	0	0	0	0.2	6	110	15	0.75
54	sea	open water	5	0	0	0	0	1	0.05	0	110	0	0
53	estuary	open water	5	0	0	0	0	1	0.05	0	110	0	0
44	mud flat/salt marsh	open water	5	0	0.4	0.2	0	0.4	0.3	2	110	10	0.5
37	beach/dune	bare soil	4	0	0.3	0.7	0	0	0.5	2	110	15	1
51	navigable river	open water	5	0	0	0	0	1	0.05	0	110	0	0
55	unnavigable river	open water	5	0	0	0	0	1	0.05	0	110	0	0
52	lake	open water	5	0	0	0	0	1	0.05	0	110	0	0
301	spruce	forest	3	0	1	0	0	0	2	12	320	55	13
302	pine	forest	3	0	1	0	0	0	2	6	550	40	15
303	beech	forest	3	0	1	0	0	0	2	6	320	25	20
304	birch	forest	3	0	1	0	0	0	2	5	320	25	16
305	oak	forest	3	0	1	0	0	0	2	4	150	25	17
306	poplar	forest	3	0	1	0	0	0	2	5	250	30	18
307	reference grass	grass	2	0	1	0	0	0	0.3	2	140	10	0.12

Printed by Books on Demand GmbH, Norderstedt / Germany